职业教育技能型人才培养规划教材

国家中等职业教育改革发展示范校建设项目成果

维修电工技能实训

主　编　喻绍福

副主编　雒　明　游洪建　李　翔

参　编　沈　超　黄晓芳　谢　晨

　　　　侯泽文　何　均

西南交通大学出版社

·成　都·

图书在版编目（ＣＩＰ）数据

维修电工技能实训／喻绍福主编. 一成都：西南
交通大学出版社，2015.2（2020.8 重印）
职业教育技能型人才培养规划教材　国家中等职业
教育改革发展示范校建设项目成果
ISBN 978-7-5643-3788-9

Ⅰ. ①维… Ⅱ. ①喻… Ⅲ. ①电工 – 维修 – 高等职业
教育 – 教材　Ⅳ. ①TM07

中国版本图书馆 CIP 数据核字（2015）第 035696 号

职业教育技能型人才培养规划教材
国家中等职业教育改革发展示范校建设项目成果

维修电工技能实训

主编　喻绍福

责 任 编 辑	金雪岩
助 理 编 辑	张少华
封 面 设 计	何东琳设计工作室
出 版 发 行	西南交通大学出版社 （四川省成都市二环路北一段 111 号 西南交通大学创新大厦 21 楼）
发 行 部 电 话	028-87600564　028-87600533
邮 政 编 码	610031
网　　　　址	http://www.xnjdcbs.com
印　　　　刷	四川煤田地质制图印刷厂
成 品 尺 寸	170 mm × 230 mm
印　　　张	7.75
字　　　数	139 千
版　　　次	2015 年 2 月第 1 版
印　　　次	2020 年 8 月第 3 次
书　　　号	ISBN 978-7-5643-3788-9
定　　　价	24.00 元

课件咨询电话：028-81435775
图书如有印装质量问题　本社负责退换
版权所有　盗版必究　举报电话：028-87600562

前　言

本书是编者根据国家示范建设院校课程改革成果以及中等职业教育项目式教学要求，结合维修电工职业标准，基于项目制作过程分析开发的机电技术应用专业系列课程教材之一。本书采用项目教学模式，通过理实一体化教学，以完成项目任务为主线，采用"项目带动、名师领衔、工技结合"实施项目教学，加强教学的真实性和实践性，充分体现企业实际需要。

本书通过选取电动葫芦电气控制电路制作项目为载体，通过项目分析、知识平台、项目实施等步骤，由浅入深、由简入繁，帮助学生系统学习掌握初、中级维修电工阶段应知应会内容，完成维修电工工艺与技能实践的综合学习。

本书主要包括内容：安全用电基本知识；维修电工常用工具设备；控制电路分析、设计，电路装配调试等维修电工基本操作技能；5S 管理、安全生产、质量控制等企业生产组织管理。通过本书的学习，可提高学生团队协作、语言交流、工作的能力，使学生掌握从社会到学校、从学校到岗位所必须具备的知识、能力和素质，为学生可持续发展奠定基础。

本书以维修电工操作为学习主线，开展学期内的理论知识和实际操作能力为学习任务，重点学习电机控制电路设计，电路装配与调试等维修电工基础技能，学习任务采取项目集成和理论知识点的导入为知识平台，并在项目中包含若干个实作任务，分由不同的技术手段完成，确保学习过程中具有系统性和综合性。本书的建议学时数为 112 学时。

参加本教材编写工作的有：绵阳财经学校喻绍福、雒明、李翔、沈超、黄晓芳、谢晨，四川九洲集团游洪建、侯泽文、何均。深圳国泰安教育技术股份有限公司鲍清岩副总裁对本书进行了审定。在编写过程中，编者得到了绵阳财经学校和四川九洲集团领导的大力支持，以及国家级游洪建技能大师工作室专家团队的指导帮助，在此一并表示感谢。

由于编者水平有限，编写时间仓促，书中难免有不足之处，恳请广大读者批评指正。

编　者

2014 年 11 月

目　录

项目导言

1.1　学习目标

（1）了解维修电工工种的定义及职业标准；
（2）掌握安全用电基本知识；
（3）掌握常用电工工具及仪器仪表的使用；
（4）掌握电工的基本操作技能；
（5）掌握常用低压电器；
（6）掌握三种典型的三相异步电动机控制电路的控制原理；
（7）了解 5S 现场管理基本知识；
（8）通过维修电工中级职业资格鉴定。

【情景引入】

帅小饼，男，15 岁，某中等职业学校机电技术应用专业一年级学生。特点：学习无目标，上课经常睡觉、玩手机。

"昨天的饺子真好吃，外婆的手艺就是好。"帅小饼走在回学校的路上。本来昨天就应该到学校的，作为住校生应该早就习惯了这种收假的方式，可帅小饼是个例外，总是在想办法逃避这种规律。

今天是第二学期开学的第一天。"第一天，还是不要迟到。"帅小饼加快了脚步，可等他到了教室还是晚了，老师已经在讲台上了。"同学们，你们知道什么是维修电工吗？"这是帅小饼走到教室时听见老师讲的第一句话，维修电工？是什么？之前怎么没听过，这是什么课啊？帅小饼一连问了自己几个问题。

"你是哪位？是这个班的学生吗？"老师的问话打断了小饼的思考。

"额～我叫帅小饼，是这个班的。"

"帅～小～饼～"老师一字一字地重复着帅小饼的名字，"我记住你了，第一天就迟到可不好哦，进来吧。"

"大家学的都是机电技术应用专业，而维修电工又是这个专业的重要工种，学好这门维修电工课程是非常重要的。目前大家对维修电工都没什么认识，那就让我们先看一下国家对这个工种是怎么定义的。"

国家职业标准对维修电工的定义是：从事机械设备和电气系统线路及器件等的安装、调试与维护、修理的人员。本职业共设五个等级，分别为：初级（国家职业资格五级）、中级（国家职业资格四级）、高级（国家职业资格三级）、技师（国家职业资格二级）、高级技师（国家职业资格一级）。

只要有电的地方就需要有维修电工职位的人员存在，比如商场、酒店、银行、旅游景点等需要用到电的地方，所以维修电工的就业方向很多，就业面也很广。

维修电工可从事维修电工、电机维修工、电子装配工、发配电、继电保护、工厂用电、数控维修、家用电器维修等工作，其工作范围包括：布局、组装、安装、调试、故障检测及排除、维修电线、固定装置、控制装置以及楼房等建筑物内的相关设备等。虽然维修电工的年均收入比较高，但从业人员却不太多，难以满足用人单位的需求。

在国家标准中对维修电工的定义只有这一句话，那么这句话到底是什么意思呢？从字面上理解，我们不难发现维修电工就是和机械设备以及电气系统打交道的，那这两种东西常出现在什么地方呢？小饼能回答这个问题吗？

不错，小饼的回答很正确，接下来我们就去看看现代的工厂是什么样的（见图 1.1）。

图 1.1　现代的工厂

如图 1.1 所示，其中有很多的设备，这些就是所谓的机械设备，而电气系统就是控制这些设备运动工作的部分。维修电工就是负责安装、调试与维护、修理这些机器的人员，保证设备的正常运行。

小饼的观察非常到位，这些厂房确实很干净整洁，而你所看到的还只是表面，你看到图片中厂房地面上的线了吗？你能看出这些线的作用吗？请想一下并记录在下面：

_____

_____

现代工厂都在实行"5S"标准化管理，也正是因为这样，才会有我们看到的整洁的厂房。那么什么是 5S 管理呢？先让我们来看一下下面的"知识小贴士"。

 知识小贴士

5S 现场管理法是现代企业管理模式，5S 即整理（SEIRI）、整顿（SEITON）、清扫（SEISO）、清洁（SEIKETSU）、素养（SHITSUKE），又被称为"五常法则"或"五常法"。

5S 起源于日本，是指在生产现场中对人员、机器、材料、方法等生产要素进行有效的管理，这是日本企业独特的一种管理办法。1955 年，日本的 5S 宣传口号为"安全始于整理，终于整理整顿"。当时只推行了前两个 S，其目的仅是为了确保作业空间和安全。到了 1986 年，日本的 5S 著作逐渐问世，从而对整个现场管理模式起到了冲击的作用，并由此掀起了 5S 的热潮。

日本的企业将 5S 运动作为管理工作的基础，推行各种品质的管理手法，第二次世界大战后，其产品品质得以迅速地提升，奠定了其经济大国的地位，而在丰田公司的倡导推行下，5S 对于塑造企业形象、降低成本、准时交货、安全生产、高度标准化、创造令人心旷神怡的工作场所、现场改善等方面发挥了巨大作用，逐渐被各国的管理界所认识。随着世界经济的发展，5S 已经成为工厂管理的一股新潮流。5S 广泛应用于制造业和服务业等众多行业，改善着现场环境的质量和员工的思维方法，使企业能有效地迈向全面质量管理。根据企业进一步发展的需要，有的企业在 5S 的基础上增加了安全（Safety），形成了"6S"；有的企业甚至推行"12S"，但是万变不离其宗，都是从"5S"里衍生出来的。例如在整理中要求清除无用的东西或物品，这在某些意义上来说，就涉及节约和安全，具体一点例如横在安全通道中无用的垃圾，这就是安全应该关注的内容。

通过知识小贴士，大家应该已经知道了什么是 5S 管理了吧。在上文中我们看到了 5S 管理给日本企业带来的巨大好处，也正因为这样 5S 才会被全世界所推崇。为了我们今后能很好地适应企业，在我们的课程里也会有 5S 管理的相关要求，以帮助大家逐步的建立 5S 管理意识。

小饼，你现在知道我们这门课要学什么了吗？

当然，我们要学习机械设备和电气系统线路及器件等的安装、调试、维护和修理，还有5S管理。

可是设备有那么多种，就我们在图片上看到的就很多了，我们这一学期学得完吗？

当然学不完了，别说一学期，就算是整个中职三年都学不完。

你玩我啊！学不完，我们还考什么四级工啊！

　　本门课程将通过制作电动葫芦控制柜这个项目来训练和提高学生综合运用维修电工知识解决实际问题的能力。为学生能够胜任电气系统线路及器件的安装、调试与维护、修理的任务，通过国家中级维修电工技能等级证的考核以及为未来从事相关岗位的工作奠定能力基础。接下来我们就来看看什么是电动葫芦。

1.2　项目描述

　　在图 1.1 展示的车间图片里你们有注意到横在车间上面的吊钩吗？

可能是图片不够清楚，没关系，来看图 1.2。

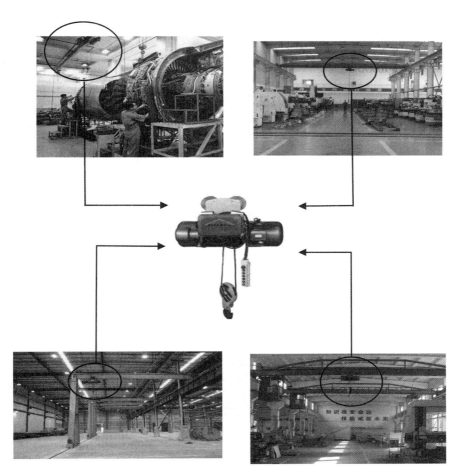

图 1.2 吊装设备

如图 1.2 所示，在车间里面电动葫芦是很常见的吊装设备，电动葫芦的种类非常多，例如：环链电动葫芦、钢丝绳电动葫芦（防爆葫芦）、防腐电动葫芦、双卷筒电动葫芦、卷扬机、微型电动葫芦、群吊电动葫芦、多功能提升机等。

我们就选钢丝绳电动葫芦来制作，下面让我们先看一下它的结构，如图 1.3 所示。

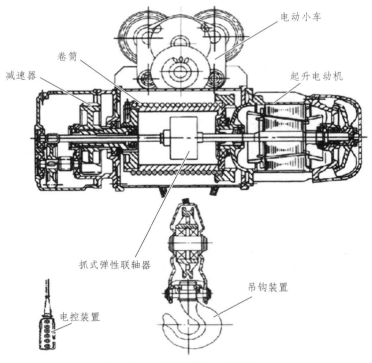

图 1.3　电动葫芦的一般结构

　　图 1.3 所示就是钢丝绳电动葫芦的一般结构，它主要由起升电机、卷筒、减速器、联轴器、吊钩装置和电控装置构成。

1.3　项目分析

你在想什么？？
集中注意力！

看来小饼走神了，不是说好要认真学习吗？下面我们一起来看一下电动葫芦这几部分的作用：

电动小车：采用鼠笼型电动机控制电动葫芦的整体移动；

起升电动机：控制电动葫芦吊具的上升和下降，是采用锥形转子电动机来控制的；

减速器：降低起升电机的选择速度，保证吊装的平稳进行；

卷筒：收卷钢丝绳的装置；

电控装置：控制电动葫芦运动的电气系统；

吊钩装置：装吊货物的装置。

那么电动葫芦是怎么工作的呢？如图 1.4 所示为电动葫芦控制手柄的示意图，分别展示了按下不同按钮时电动葫芦对应的动作。

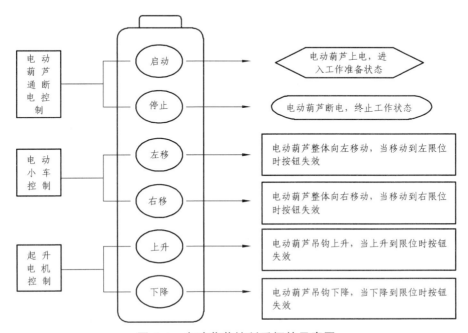

图 1.4　电动葫芦控制手柄的示意图

小饼能提出这样的问题说明是仔细看了控制示意图的。这里展示的电动葫芦涉及两种运动，左右移动和上下吊装，从前文图中我们可以看出电动葫芦是装在车间里的，车间是一个有限的范围，电动葫芦能够运动的范围肯定小于车间的范围，所以它的运动范围也是有限的。在控制中就必须保证电动葫芦只在这个范围内运动，不可超出这个范围，在这里说的限位就是指的这个范围。在现实控制中为了实现限位常用到一种器件：限位开关（又称行程开关），如图1.5 所示是常见的限位开关。请阅读下面的"知识小贴士"了解限位开关。

图 1.5　常见的限位开关

 知识小贴士

限位开关就是用以限定机械设备的运动极限位置的电气开关。限位开关有接触式的和非接触式的。接触式的比较直观，在机械设备的运动部件上安装上行程开关，与其相对运动的固定点上安装极限位置的挡块，或者是相反安装位置。当行程开关的机械触头碰上挡块时，切断了（或改变了）控制电路，机械就停止运行或改变运行。由于机械的惯性运动，这种行程开关有一定的"超行程"以保护开关不受损坏。非接触式的形式很多，常见的有干簧管、光电式、感应式等，这几种形式在电梯中都能够见到。当然还有更多的先进形式。

在实际生产中，将限位开关安装在预先安排的位置，当装于生产机械运动部件上的模块撞击行程开关时，限位开关的触点动作，实现电路的切换。

限位开关广泛运用于各类机床和起重机械，用以控制其行程、进行终端限位保护。在电梯的控制电路中，还利用行程开关来控制开关轿门的速度、自动开关门的限位以及轿厢的上、下限位保护。

电动葫芦一共用了几台电机？这些电机都是一种类型的吗？

是两台电机，电动小车上用的是鼠笼型电动机，而起升电机用的是锥形转子电机，为什么不都用一种类型的电机呢？为什么起升电机要用锥形转子电机呢？

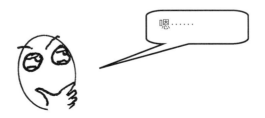

看来需要补充知识了，先阅读下面的"知识小贴士"了解锥形转子电机的特点。

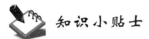
知识小贴士

锥形转子电动机是定子内腔和转子外形都呈锥形的电动机。它具有停电自制动的能力，广泛应用于电动葫芦、卷扬机等起重设备。锥形转子电动机的制动装置由套在电机转子上的制动弹簧、风扇制动轮和端盖上的制动环组成。电动机运行时，锥形转子电动机的气隙磁场产生轴向磁拉力，压缩制动弹簧，使风扇制动轮与电机端盖上的制动环脱开，电机则自由转动。断电时，轴向磁拉力消失，转子在制动弹簧的推力下产生轴向移动，使风扇制动轮压紧制动环，产生摩擦力，迫使电机迅速停转并绑住转子，以防止起吊的重物下落，保障安全，如图 1.6 所示。

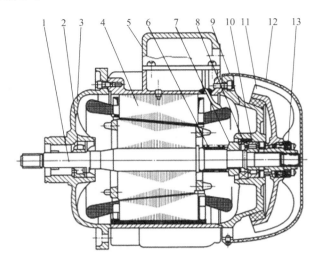

图 1.6　锥形转子电动机结构

1—转子；2—轴承；3—前端盖；4—定子；5—接线盒；6—压簧；7—支撑套；
8—止锥轴承；9—后端盖；10—轴承；11—制动轮；
12—风罩；13—锁紧螺母

现在大家应该知道为什么起升电机要用锥形转子电机了吧。电动葫芦就是靠这两台电机实现左右移动和上下起吊重物的。

小饼，现在你应该知道电动葫芦各部分的作用以及它的工作方式了吧？

知识平台

本次项目为电动葫芦电气控制柜内部的电路部分，要完成本次项目需要同学们具备一些电机控制的相关知识，在下面的内容里，我们设计了几个任务来帮助同学们做好实施本次项目的技术准备工作。

知识一	安全用电及触电急救
知识二	常用电工工具和仪器仪表的使用
知识三	电工基本操作技能
知识四	电机控制入门：点动控制
知识五	电机的常动控制
知识六	倒顺开关实现电动机的正反转控制
知识七	接触器实现电机的正反转控制

知识一：安全用电及触电急救

目标
　　掌握安全用电的基本知识。

一、立即切断电源

发生触电事故时，首先要做的就是立即切断电源。切断电源的方法一是关闭电源开关、拉闸或拔去插销；二是用干燥的木棒、竹竿、扁担等不导电的物体挑开电线，使触电者尽快脱离电源。急救者切勿直接接触伤员，防止自身触电。

二、紧急救护

当触电者脱离电源后，应根据触电者的具体情况，迅速组织现场救护工作。人触电后不一定会立即死亡，而是出现神经麻痹、呼吸中断、心脏停搏等症状，外表上呈现昏迷的状态，此时要看作是假死状态，如现场抢救及时，方法得当，人是可以获救的。现场急救对抢救触电者是非常重要的。有统计资料指出，触电后 1 min 开始被救治者，90%有良好效果；触电后 12 min 才开始被救治的人，救活的可能性则很小。

触电失去知觉后进行抢救，一般需要很长时间，必须耐心持续地进行。只有当触电者面色好转、口唇潮红、瞳孔缩小、心跳和呼吸逐步恢复正常时，才可暂停数秒进行观察。如果触电者还不能维持正常心跳和呼吸，则必须继续进行抢救。触电急救应尽可能就地进行，只有条件不允许时，才可将触电者抬到可靠地方进行急救。

三、救护方法

（1）触电者神志清醒，但有些心慌、四肢发麻、全身无力或触电者在触电过程中曾一度昏迷，但已清醒过来。应使触电者安静休息、不要走动、严密观察，必要时送医院诊治。

（2）触电者已经失去知觉，但心脏还在跳动、还有呼吸，应使触电者在空气清新的地方舒适、安静地平躺，解开妨碍呼吸的衣扣、腰带。如果天气寒冷要注意保持体温，并迅速请医生到现场诊治。

（3）如果触电者失去知觉，呼吸停止，但心脏还在跳动，应立即进行口对口人工呼吸，并及时请医生到现场。

（4）如果触电者呼吸和心脏跳动完全停止，应立即进行口对口人工呼吸和胸外心脏按压急救，并迅速请医生到现场。

四、抢救过程中的注意事项

（1）在进行人工呼吸和急救前，应迅速将触电者的衣扣、领带、腰带等解开，清除口腔内的假牙、异物、黏液等，保持呼吸道畅通。

（2）不要使触电者直接躺在潮湿或冰冷的地面上急救。

（3）人工呼吸和急救应连续进行，换人时节奏要一致。如果触电者有微弱自主呼吸时，人工呼吸还要继续进行，但应和触电者的自主呼吸节奏一致，直到呼吸正常为止。

（4）对触电者的抢救要坚持进行。发现瞳孔放大、身体僵硬、出现尸斑等应经医生诊断，确认死亡方可停止抢救。

五、心肺复苏法

触电者一旦出现呼吸、心跳突然停止的症状时，必须立即对其施行心肺复苏法急救。心肺复苏法是指伤者因各种原因（如触电）造成心跳、呼吸突然停止后，他人采取措施使其恢复心跳、呼吸功能的一种系统的紧急救护法，主要包括气道畅通、口对口人工呼吸、胸外心脏按压及所出现的并发症的预防等。

六、呼吸、心跳情况的判定方法

如触电者失去意识，救护人员应在最短的时间内判定伤者的呼吸、心跳情况。方法是：看触电者的胸部、腹部有无起伏动作；听触电者的口鼻处有无呼气声音；用手试测口鼻处有无呼气的气流，或用手指测试喉结旁凹陷处的颈动脉有无搏动。如果既没有呼吸，又没有颈脉搏动，可判定触电者呼吸、心跳停止。

七、气道通畅

凡是神志不清的触电者，由于舌根回缩和坠落，都可能不同程度堵住呼吸道入口，使空气难以或无法进入肺部，这时应立即开放气道。如果触电者口中有异物，必须首先清除，操作中要注意防止将异物推到咽喉深部。具体步骤如下：

（1）抢救者一手放在触电者前额，另一只手将其下颌骨向上抬起，使其头部向后仰，舌根随之抬起，气道通畅。

（2）口对口人工呼吸。使触电者仰卧，肩下可以垫些东西使头尽量后仰，鼻孔朝天。救护人在触电者头部左侧或右侧，一手捏紧鼻孔，另一只手掰开嘴巴（如果张不开嘴巴，可以用口对鼻，但此时要把口捂住，防止漏气），深吸气后紧贴其嘴巴大口吹气，吹气时要使他胸部膨胀，然后很快把头移开，让触电者自行排气。儿童只能小口吹气，以胸廓上抬为准。抢救一开始的首次吹气2次，每次时间约 1~1.5 s。

（3）胸外心脏按压法。使触电者仰面躺在平硬的地方，救护人员立或跪在触电者一侧肩旁，两手掌根相迭（儿童可用一只手），两臂伸直，掌根放在心口窝稍高一点地方（胸骨下 1/3 部位），掌根用力下压（向触电者脊背方向），使心脏里面血液挤出。成人压陷 3~4 cm，儿童用力轻些，按压后掌根很快抬起，让触电者胸部自动复原，血液又充满心脏。胸外心脏按压要以均匀速度进行，每分钟 80 次左右。每次放松时，掌根不必完全离开胸壁。做心脏按压时，手掌位置一定要找准，用力太猛容易造成骨折、气胸或肝破裂，用力过轻则达不到心脏起跳和血液循环的作用。应当指出，心跳和呼吸是相关联的，一旦呼吸和心跳都停止了，应当同时进行口对口人工呼吸和胸外心脏按压。如果现场仅一个人抢救，则两种方法应交替进行，救护人员可以跪在触电者肩膀侧面，每吹气 1~2 次，再按压 10~15 次。按压吹气 1 min 后，应在 5~7 s 内判断触电者的呼吸和心跳是否恢复。如触电者的颈动脉已有搏动但无呼吸，则暂停胸外心脏按压，而再进行 2 次口对口人工呼吸，接着每 5 s 吹气一次，如脉搏和呼吸都没有恢复，则应继续坚持心肺复苏法抢救。在抢救过程中，应每隔数分钟再进行一次判定，每次判定时间都不能超过 5~7 s。

在医务人员没有接替抢救前，不得放弃现场抢救。如经抢救后，伤员的心跳和呼吸都已恢复，可暂停心肺复苏操作。因为心跳呼吸恢复的早期有可能再次骤停，所以要严密监护伤员，不能麻痹，要随时准备再次抢救。

当伤员脱离电源后，立即检查全身情况，特别是呼吸和心跳。发现呼吸、心跳停止时，应立即就地抢救。同时拨打 120 求救。轻症患者，即神志清醒，呼吸心跳均存在者。让伤员就地平卧，暂时不要站立或走动，防止继发休克或心衰。呼吸心跳停止者，立即对其进行心肺复苏。处理电击伤时，应注意有无其他损伤。如触电后弹离电源或自高空跌下，常并发颅脑外伤、血气胸、内脏破裂、四肢和骨盆骨折等。如有外伤、灼伤均需同时处理。现场抢救中，不要随意移动伤员。

八、急救时应注意的问题

当一定电流或电能量（静电）通过人体引起损伤、功能障碍甚至死亡，称为电击伤，俗称触电。随着家用电器的普及，触电与电击伤的发生率已明显增多，因此，每个家庭里的每一个成员都有必要掌握电击伤的现场急救知识。

（1）立即使伤者脱离电源。最妥善的方法是立即将电源电闸拉开，切断电源，确保伤者脱离接触电缆、电线或带电的物体。如电源开关离现场太远或仓促间找不到电源开关，则应用干燥的木器、竹竿、扁担、橡胶制品、塑料制品等不导电物品将病人与电线或电器分开，或用木制长柄的刀斧砍断带电电线。分开了的电器仍处于带电状态，不可接触。救助者切勿以手直接推拉、接触或以金属器具接触伤者，以保证自身安全。

（2）若伤者清醒，呼吸、心跳自主，应让病人就地平卧，严密观察，并送附近医院急救。

（3）触电者脱离电源后若意识丧失，救助者应立即进行下一步的抢救。使伤者仰卧在平地或木板上，头向后仰，松解影响呼吸的上衣领口和腰带，立即进行口对口人工呼吸和胸外心脏按压，并要坚持不懈地进行，直至伤员清醒或出现尸僵、尸斑为止。在对伤员进行心肺复苏的同时要设法与附近的医院取得联系，以便为伤员争取到更好的抢救条件。对于雷电击伤的伤员也要采取相同的急救措施。

（4）在等待医疗援助期间，在电进入和穿出的伤口处涂少量的抗菌或烧伤药膏，以防止创面污染。同时使伤者保持仰卧位，脚和腿抬高。

知识二：常用电工工具和仪器仪表的使用

目标
　　掌握常用电工工具与仪表的使用。

一、试电笔

使用时，必须手指触及笔尾的金属部分，并使氖管小窗背光且朝自己，以便观测氖管的亮暗程度，防止因光线太强造成误判断，其使用方法如图 2.1 所示。

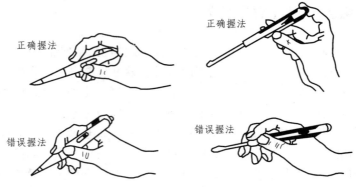

正确握法　　　　　　正确握法

错误握法　　　　　　错误握法

图 2.1　电笔使用方法

当用电笔测试带电体时，电流经带电体、电笔、人体及大地形成通电回路，只要带电体与大地之间的电位差超过 60 V 时，电笔中的氖管就会发光。低压验电器检测的电压范围的 60～500 V。

注意事项：

（1）使用前，必须在有电源处对验电器进行测试，以证明该验电器确实良好，方可使用。

（2）验电时，应使验电器逐渐靠近被测物体，直至氖管发亮，不可直接接触被测体。

（3）验电时，手指必须触及笔尾的金属体，否则带电体也会误判为非带电体。

（4）验电时，要防止手指触及笔尖的金属部分，以免造成触电事故。

二、电工刀

电工刀如图 2.2 所示，在使用时：

（1）不得用于带电作业，以免触电。

（2）应将刀口朝外剖削，并注意避免伤及手指。

（3）剖削导线绝缘层时，应使刀面与导线成较小的锐角，以免割伤导线。

（4）使用完毕，随即将刀身折进刀柄。

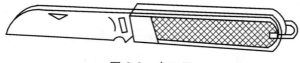

图 2.2　电工刀

三、螺丝刀

使用螺丝刀时：

（1）螺丝刀较大时，除大拇指、食指和中指要夹住握柄外，手掌还要顶住柄的末端以防旋转时滑脱。

（2）螺丝刀较小时，用大拇指和中指夹着握柄，同时用食指顶住柄的末端用力旋动。

（3）螺丝刀较长时，用右手压紧手柄并转动，同时左手握住螺丝刀的中间部分（不可放在螺钉周围，以免将手划伤），以防止起子滑脱。

注意事项：

（1）带电作业时，手不可触及螺丝刀的金属杆，以免发生触电事故。

（2）作为电工，不应使用金属杆直通握柄顶部的螺丝刀。

（3）为防止金属杆接触人体或邻近带电体，金属杆应套上绝缘管。

四、钢丝钳

在电工作业中，钢丝钳用途广泛。钳口可用来弯绞或钳夹导线线头；齿口可用来紧固或起松螺母；刀口可用来剪切导线或钳削导线绝缘层；侧口可用来铡切导线线芯、钢丝等较硬线材。钢丝钳各用途的使用方法如图 2.3 所示。

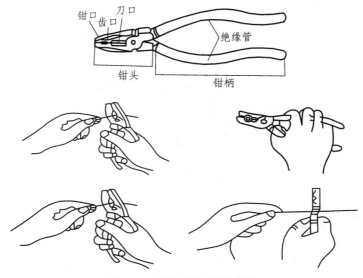

图 2.3　钢丝钳的使用方法

注意事项：

（1）使用前，必须先检查钢丝钳绝缘是否良好，以免带电作业时造成触电事故。

（2）在带电剪切导线时，不得用刀口同时剪切不同电位的两根线（如相线与零线、不同相的相线与相线等），以免发生短路事故。

五、尖嘴钳

尖嘴钳因其头部尖细（见图 2.4），适用于在狭小的工作空间操作。尖嘴钳可用来剪断较细小的导线；可用来夹持较小的螺钉、螺帽、垫圈、导线等；也可用来对单股导线整形（如平直、弯曲等）。若使用尖嘴钳带电作业，应检查其绝缘是否良好，并在作业时使金属部分不要触及人体或邻近的带电体。

图 2.4　尖嘴钳

六、斜口钳

斜口钳专用于剪断各种电线电缆，如图 2.5 所示。对粗细不同、硬度不同的材料，应选用大小合适的斜口钳。

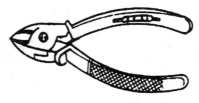

图 2.5　斜口钳

七、剥线钳

剥线钳是专用于剥削较细小导线绝缘层的工具，其外形如图 2.6 所示。使用剥线钳剥削导线绝缘层时，先将要剥削的绝缘长度用标尺定好，然后将导线放入相应的刃口中（比导线直径稍大），再用手将钳柄一握，导线的绝缘层即被剥离。

图 2.6 剥线钳

八、电烙铁

焊接前，一般要把焊头的氧化层除去，并用焊剂进行上锡处理，使得焊头的前端经常保持一层薄锡，以防止氧化、减少能耗、保证导热良好。电烙铁的结构如图 2.7 所示。

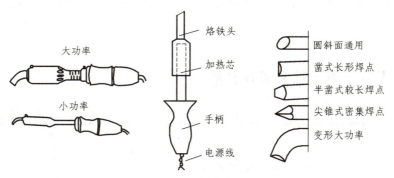

图 2.7 电烙铁的结构

电烙铁的握法没有统一的要求，以不易疲劳、操作方便为原则，一般有笔握法和拳握法 2 种，如图 2.8 所示。

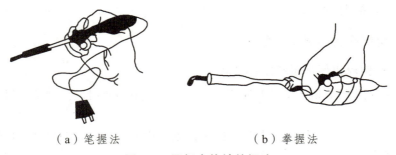

（a）笔握法　　　　　　　　（b）拳握法

图 2.8 图解电烙铁的握法

用电烙铁焊接导线时，必须使用焊料和焊剂。焊料一般为丝状焊锡或纯锡，常见的焊剂有松香、焊膏等。

对焊接的基本要求是：焊点必须牢固，锡液必须充分渗透，焊点表面光滑有泽，应防止出现"虚焊"、"夹生焊"。产生"虚焊"的原因是因为焊件表面未清除干净或焊剂太少，使得焊锡不能充分流动，造成焊件表面挂锡太少，焊件之间未能充分固定；造成"夹生焊"的原因是因为烙铁温度低或焊接时烙铁停留时间太短，焊锡未能充分熔化。

注意事项：

（1）使用前应检查电源线是否良好，有无被烫伤。

（2）焊接电子类元件（特别是集成块）时，应采用防漏电等安全措施。

（3）当焊头因氧化而不"吃锡"时，不可硬烧。

（4）当焊头上锡较多不便焊接时，不可甩锡、不可敲击。

（5）焊接较小元件时，时间不宜过长，以免因热损坏元件或绝缘。

（6）焊接完毕，应拔去电源插头，将电烙铁置于金属支架上，防止烫伤或火灾的发生。

知识三：电工基本操作技能

目标

　　掌握电工基本操作技能。

一、导线绝缘层的剥离方法

（一）操作步骤

1. 塑料硬线绝缘层的切削

1）用钢丝钳剖削塑料硬线绝缘层

线芯截面为 4 mm^2 及以下的塑料硬线，一般用钢丝钳进行剖削。剖削方法如下：

（1）用左手捏住导线，在需剖削线头处，用钢丝钳刀口轻轻切破绝缘层，但不可切伤线芯。

（2）用左手拉紧导线，右手握住钢丝钳头部用力向外勒去塑料层，在勒去塑料层时，不可在钢丝钳刀口处加剪切力否则会切伤线芯，剖削出的线芯应保持完整无损，如有损伤，应重新剖削。

2）用电工刀剖削塑料硬线绝缘层

线芯面积大于 4 mm² 的塑料硬线，可用电工刀来剖削绝缘层，方法如下：

（1）在需剖削线头处，用电工刀以 45°倾斜切入塑料绝缘层，注意刀口不能伤着线芯，如图 2.9（a）所示。

（2）刀面与导线保持 25°左右，用刀向线端推削，只削去上面一层塑料绝缘，不可切入线芯，如图 2.9（b）所示。

（3）将余下的线头绝缘层向后扳翻，把该绝缘层剥离线芯，再用电工刀切齐，如图 2.9（c）所示。

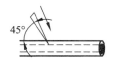

（a）刀以 45°倾斜切入　　（b）刀以 25°倾斜推削　　（c）翻下余下塑料层

图 2.9　电工刀剖削塑料硬线绝缘层

2. 塑料软线绝缘层的剖削

塑料软线绝缘层用剥线钳或钢丝钳剖削，如图 2.10 所示。剖削方法与用钢丝钳剖削塑料硬线绝缘层方法相同。不可用电工刀剖削，因为塑料软线由多股铜丝组成，用电工刀容易损伤线芯。

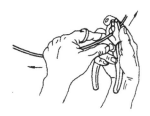

图 2.10　塑料软线绝缘层的剖削

3. 塑料护套线绝缘层的剖削

塑料护套线具有 2 层绝缘：护套层和每根线芯的绝缘层。塑料护套线绝缘层用电工刀剖削，方法如下：

1) 护套层的剖削

（1）在线头所需长度处，用电工刀刀尖对准护套线中间线芯缝隙处划开护套线，如图 2.11（a）所示。如偏离线芯缝隙处，电工刀可能会划伤线芯。

（2）向后扳翻护套层，用电工刀把它齐根切去，如图 2.11（b）所示。

（a）用刀尖在线芯缝隙处划开护套层　　　（b）扳翻护套层并齐根切去

图 2.11　塑料护套线绝缘层的剖削

2) 内部绝缘层的剖削

在距离护套层 5 ~ 10 mm 处，用电工刀以 45°倾斜切入绝缘层，其剖削方法与塑料硬线剖削方法相同。

4. 橡皮线绝缘层的剖削

在橡皮线绝缘层外还有一层纤维编织保护层，其剖削方法如下：

（1）把橡皮线纤维编织保护层用电工刀尖划开，将其扳回后齐根切去。剖削方法与剖削护套线的保护层方法类同。

（2）用剖削塑料线绝缘层相同方法削去橡胶层。

（3）最后松散棉纱层到根部，用电工刀切去。

5. 花线绝缘层的切削

（1）用电工刀在线头所需长度处将棉纱织物保护层四周割切一圈后将其拉去。

（2）在距离棉纱织物保护层 10 mm 处，用钢丝钳按照剖削塑料软线类同方法勒去橡胶层。

（二）注意事项

（1）剖削导线绝缘层应正确使用电工工具，电工刀的使用要注意安全。

（2）剖削导线组织层时不能损伤线芯。

（3）作导线连接时缠绕方法要正确，缠绕要平直、整齐和紧密，最后要钳平毛刺，以便于恢复绝缘。

（4）护套线线头与熔断器连接时不应露铜。

（三）导线种类

常用导线有铜芯线和铝芯线。铜导线电阻率小，导电性能较好；铝导线电阻率比铜导线稍大些，但价格低，也广泛应用。

导线有单股和多股两种，一般截面积在 6 mm² 及以下为单股线；截面积在 10 mm² 及以上为多股线。多股线是由几股或几十股线芯绞合在一起形成一根的，有 7 股、19 股、37 股等。

二、导线连接

导线可分为裸导线和绝缘导线，绝缘导线有电磁线、绝缘电线、电缆等多种。常用绝缘导线在导线线芯外面包有绝缘材料，如橡胶、塑料、棉纱、玻璃丝等。

常用导线的型号及应用如下：

1. B 系列橡皮塑料电线

这种系列的电线结构简单，电气和机械性能好，广泛用作动力、照明及大中型电气设备的安装线。交流工作电压为 500 V 以下。

2. R 系列橡皮塑料软线

这种系列软线的线芯由多根细铜丝绞合而成，除具有 B 系列电线的特点外，还比较柔软，广泛用于家用电器、小型电气设备、仪器仪表及照明灯线等。

三、绝缘恢复

（一）操作步骤

1. 厂区架空线路

（1）电杆有无倾斜、变形、腐朽、损坏及基础下沉等现象。如有，应设法修理。

（2）沿线路的地面有无堆放易燃、易爆和强腐蚀性物体。如有，应设法挪开。

（3）沿线路周围，有无危险建筑物。在雷雨季节和大风季节里，这些建筑物应不致对线路造成损坏，否则应予修缮或拆除。

（4）线路上有无树枝、风筝等杂物悬挂。如有，应设法消除。

（5）拉线和扳桩是否完好，绑扎线是否紧固可靠。如有异常时，应设法修复或更换。

（6）导线的接头是否接触良好，有无过热发红、严重氧化、腐蚀或断脱现象，绝缘子有无破损或放电痕迹。如有，应设法修复或更换。

（7）避雷装置的接地是否良好，接地线有无锈断损坏情况。在雷雨季节到来之前，应进行重点检查，以确保防雷安全。

（8）检查是否有其他危及线路安全运行的异常情况。

在巡视中发现的异常情况，应记入专用记录簿内。重要情况应及时汇报上级，请示处理。

2. 电缆线路的运行维护

（1）电缆头及瓷套管有无破损和放电痕迹。对充填有电缆胶（油）的电缆头还应检查有无漏油溢胶情况。

（2）对明敷电缆，应检查电缆外皮有无锈蚀、损伤，沿线挂钩或支架有无脱落，线路上及线路附近有无堆放易燃、易爆及强腐蚀性物体。

（3）对暗敷及埋地电缆，应检查沿线的盖板和其他覆盖物是否完好，有无挖掘痕迹，沿线标桩是否完整无缺。

（4）电缆沟内有无积水或渗水现象，是否堆有杂物及易燃、易爆等危险物品。

（5）线路上各种接地是否良好，有无松脱、断线和锈蚀现象。

（6）检查是否有其他危及电缆安全运行的异常情况。

在巡视中发现的异常情况，应记入专用记录簿内。重要情况应及时汇报上级，请示处理。

3. 车间配电线路的运行维护

（1）导线的发热情况，是否超过正常允许发热温度，特别要检查导线接头处有无过热现象。

（2）线路的负荷情况，可用钳形电流表来测量线路的负荷电流。特别是绝缘导线，不允许长期过负荷，否则可能会导致导线绝缘燃烧，引起电气失火事故。

（3）配电箱、分线盒、开关、熔断器、母线槽及接地装置等的运行是否正常，有无接头松脱、放电等异常情况。

（4）线路上及其周围有无影响线路安全运行的异常情况。严格禁止在绝缘导线和绝缘子上悬挂物件，禁止在线路近旁堆放易燃易爆等危险物品。

（5）对敷设在潮湿、有腐蚀性物质场所的线路和设备，要进行定期的绝缘检查，绝缘电阻一般不得低于 0.5 MΩ。

在巡视中发现的异常情况，应记入专用记录簿内。重要情况应及时汇报上级，请示处理。

（二）注意事项

（1）电力线路在运行中，如突然发生事故停电时，可按不同情况分别处理。

① 进线没有电压时的处理。

进线没有电压，表明电力系统方面暂时停电。这时总开关不必拉开，但出线开关宜全部拉开，以免突然来电时，用电设备同时启动，造成负荷过大和电压骤降，影响供配电系统的正常运行。

② 双电源进线之一停电时的处理。

当一路电源进线停电时，应立即进行倒闸操作，将负荷特别是重要负荷转移给另一路电源进线供电。

③ 厂内架空线路首端开关突然跳闸的处理。

开关突然跳闸一般是线路上发生了短路故障。由于架空线路的多数短路故障是暂时性的，例如雷击或风筝、树枝等造成的相间短路等，一般能很快自然消除，因此只要开关的断流容量允许，可予试合一次，以尽快恢复线路的供电。这在多数情况下能试合成功。如果试合失败，开关将再次跳闸。这时应对线路进行停电检查。

（2）一般要求每月进行一次巡视检查。如遇雷雨、大风、大雪以及发生故障等特殊情况，应临时增加巡查次数。

（3）电缆多数是敷设在地下的，因此要作好电缆线路的运行维护工作，必须全面了解电缆的敷设方式、结构布置、走线方向及电缆头位置等。对电缆线路，一般要求每季度进行一次巡视检查，并应经常监视其负荷大小和发热情况。

（4）要搞好车间配电线路的运行维护工作，必须全面了解车间配电线路的布线情况、结构型式、导线型号规格及配电箱、开关、保护装置的安装位置等，并了解车间负荷的类型、特点、大小及车间变电所的有关情况。对车间配电线路，有专门的维修电工时，一般要求每周进行一次巡视检查。

知识四：电机控制入门——点动控制

> 目标
>
> 　　理解电动机的点动控制方式。
>
> 　　掌握实现点动控制的四大低压电器的结构、原理、符号以及应用。
>
> 　　掌握点动控制的实现方式，理解电气原理图。
>
> 　　掌握电气装配图的绘制方式。
>
> 　　掌握电气装配的一般工艺。
>
> 　　能够独立完成点动控制电路的装配与调试。

一、电机控制的概念

同学们知道什么是电机控制吗？答案其实很简单，所谓电机控制就是对电机的控制。电机对于我们来说并不陌生，一种可以旋转的机器即为电机，它可以将电能转换为机械能。电机在我们的生活中应用是非常广泛的，例如：教室里的风扇、公寓的电梯、学校的电动大门、街上的电瓶车以及现在风头正劲的电动汽车等，这些都离不开电机。可见电机在我们社会中发挥着不可替代的重要作用。一个如此重要的东西如果不会控制它，将会是一件非常糟糕的事，通过对本项目的学习，同学们将掌握如何控制电机。

对电机的控制具体指的是对电机的启动、加速、运转、减速及停止进行的控制。让电机按照我们的要求进行工作，为我们的生产生活服务。请问你现在对电机的运动有多少了解，你知道电机的哪些运动方式？你可以将你的答案写在下面：

_____

_____

在电机控制里面，根据电机工作环境的不同要求，我们给电机定义了几种运动方式。下面我们先来认识一下最简单的一种运动方式——点动。

二、点动的概念

点动，是一种动作方式，要想理解这种动作方式，让我们先一起来阅读下面这个故事：

> 帅小饼专注的盯着电脑屏幕，右手握着鼠标不停得晃动、点击，左手频繁的敲击着键盘。"嘀嘀嘀、嗒嗒嗒、嘀嘀——"，这不是中国好声音，这是键盘和鼠标发出的声音。这是帅小饼第一次打这样的"游戏"，小帅正在练习通过"W、A、S、D"键来控制着"游戏英雄"的移动，每当小帅按下 W 键，"英雄"就拼命的向前奔跑——这是冲向食堂抢饭的节奏啊——突然！小帅松开了 W 键，奔跑的"英雄"瞬间停止了，左右张望，就是不动——突然！小帅又按下 W 键，张望的"英雄"又恢复了奔跑——突然！小帅又松开了 W 键，奔跑的"英雄"又瞬间停止了，继续左右张望——（持续半小时的循环操作练习）

帅小饼在练习他的操作，我们也别闲着，你看出了帅小饼的操作和"英雄"的动作之间的联系了吗？请在下面写出你的想法：

_____

_____

小饼的操作和"英雄"之间的这种动作存在这样的关系，当 W 键被按下时，"英雄"向前移动，当 W 键松开时，"英雄"便停止。这种动作方式在电机控制里面便叫做点动控制。

现在你理解了点动控制方式了吗？如果你已经理解，请在前面的任务目标里把完成的任务做上标记。

呵呵，恭喜你，你已经成功完成了本次任务的第一步，成功的大门已向你敞开！下面我们将一起去探索如何实现这种点动控制

三、点动控制的实现

在机电行业里有很多的控制都是点动控制实现的，比如常用的手枪电钻、机床的手动操作系统等。那么我们是如何在电机控制中实现点动控制的呢？要解决这个问题就必须现认识如图 2.12 所示的几种元器件。

图 2.12　低压电器

有了以上这 4 种器件便可以实现我们前面讲的点动控制。

上面这 4 种电器均属于低压电器，工作电压在交流 1 200 V、直流 1 500 V 以下的都称为低压电器。

这 4 种电器也是我们任务目标里面提到的需要你掌握的 4 种电器。

先让我们来看一下关于低压电器的知识链接

四、相关低压电器

（一）低压断路器

1. 概　念

低压断路器是一种不仅可以接通和分断正常负荷电流和过负荷电流，还可以接通和分断短路电流的开关电器，如图 2.13 所示。低压断路器在电路中除起控制作用外，还具有一定的保护功能，如过负荷、短路、欠压和漏电保护等。低压断路器广泛应用于低压配电系统各级馈出线、各种机械设备的电源控制和用电终端的控制及保护。

2. 工作原理

低压断路器的主触点是靠手动操作或电动合闸的。

主触点闭合后，自由脱扣机构将主触点锁在合闸位置上。

过电流脱扣器的线圈和热脱扣器的热元件与主电路串联，欠电压脱扣器的线圈和电源并联。

当电路发生短路或严重过载时，过电流脱扣器的衔铁吸合，使自由脱扣机构动作，主触点断开主电路。

当电路过载时，热脱扣器的热元件发热使双金属片上弯曲，推动自由脱扣机构动作。

图 2.13　低压断路器

当电路欠电压时，欠电压脱扣器的衔铁释放，也使自由脱扣机构动作。

3. 图形符号

低压断路器的图形符号如图 2.14 所示。

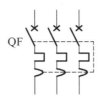

图 2.14   低压断路器的图形符号

4. 选 用

低压断路器的分类方式很多，按使用类别分，有选择型（保护装置参数可调）和非选择型（保护装置参数不可调）；按灭弧介质分，有空气式和真空式（目前国产多为空气式）。在选用上主要需注意以下 2 点：

（1）低压断路器的额定电压和额定电流应不小于电路的正常工作电压和计算负载电流。

（2）瞬时脱扣整定电流大于负载电路正常工作时的峰值电流。用于控制电动机的断路器，其瞬时脱扣整定电流按下式选取：

$$I_Z \geqslant KI_{st}$$

式中 K——安全系数，取 1.5 ~ 1.7；

I_{st}——电动机的启动电流。

5. 其他技术参数

查一查低压断路器除了额定电压和额定电流以外，还有哪些技术参数：

_____

_____

（二）熔断器

1. 概 念

熔断器是指当电流超过规定值时，以本身产生的热量使熔体熔断，断开电路的一种电器。熔断器是一种电流保护器，其原理为：电流超过规定值一段时间后，以其自身产生的热量使熔体熔化，从而使电路断开。

如图 2.15 所示是电机控制中常用的一种熔断器以及熔体。在这种熔断器的盒面上有一个 LED，在熔断器断路后 LED 会被点亮，可以有效提示熔断器的状态。其装配如图 2.16 所示。

图 2.15　熔断器

图 2.16　熔断器的装配过程

熔断器广泛应用于高低压配电系统和控制系统以及用电设备中，作为短路和过电流的保护器，是应用最普遍的保护器件之一。

2．图形符号

熔断器的图形符号如图 2.17 所示。

FU

图 2.17　熔断器的图形符号

请思考前面介绍的熔断器是如何利用 LED 实现熔体熔断报警的，尝试绘制出其原理图：

3. 选　用

（1）根据使用环境和负载性质选择适当类型的熔断器。

（2）熔断器的额定电压应不小于电路的额定电压。

（3）熔断器的额定电流应不小于所装熔体的额定电流。

（4）上、下级电路保护熔体的配合应有利于实现选择性保护。

4. 熔体额定电流的选择

（1）照明或电阻性负载，熔体额定电流应不小于负载的工作电流。

（2）单台电动机：

$$I_{fN} \geqslant （1.5 \sim 2.5）I_N$$

式中　I_{fN}——熔体的额定电流，A；

　　　I_N——电动机的额定电流，A。

（3）多台电动机不同时启动：

$$I_{fN} \geqslant （1.5 \sim 2.5）I_{Nmax} + \sum I_N$$

5. 思　考

现有一台额定电压为 AC 380 V，额定功率 100 W 的电动机。对其起保护作用的熔断器的熔体的额定电流应该选择多少？

（三）主令电器

1. 概　念

主令电器是用来接通和分断控制电路以发布命令、或对生产过程作程序控制的开关电器，如图 2.18 所示。它包括控制按钮（简称按钮）、行程开关 、主令开关和主令控制器等。另外还有踏脚开关、接近开关、倒顺开关、紧急开关、钮子开关等。这里主要介绍按钮开关，它的作用就相当于帅小饼的"W 键"。在前面介绍的限位开关也是一种主令电器。

图 2.18　主令电器

2. 基本结构

按钮开关的基本结构如图 2.19 所示。

图 2.19　按钮开关的基本结构

3. 图形符号

按钮开关的图形符号如图 2.20 所示。

图 2.20　按钮开关的符号

（四）交流接触器

1. 概　念

交流接触器是电机控制里面的核心器件，主要通过控制交流接触器的通断来实现对电机的供电和断电，如图 2.21 所示。

图 2.21　交流接触器

2. 器件结构

交流接触器主要由 4 部分组成：

（1）电磁系统，包括吸引线圈、动铁芯和静铁芯；

（2）触头系统，包括 3 组主触头和 1～2 组常开、常闭辅助触头，它和动铁芯是连在一起互相联动的；

（3）灭弧装置，一般容量较大的交流接触器都设有灭弧装置，以便迅速切断电弧，免于烧坏主触头；

（4）绝缘外壳及附件，各种弹簧、传动机构、短路环、接线柱等。

常用的低压交流接触器可以拆卸成如图 2.22 所示的各部分。

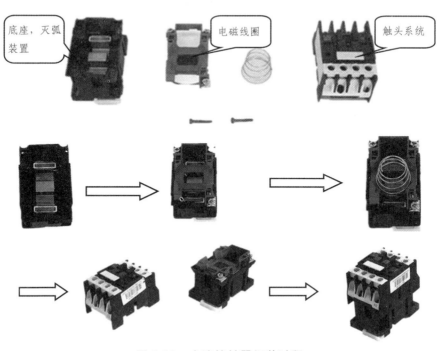

图 2.22　交流接触器组装过程

3. 图形符号

交流接触器的图形符号如图 2.23 所示。

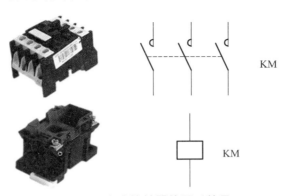

图 2.23　交流接触器的图形符号

4. 工作原理

当线圈通电时，静铁芯产生电磁吸力，将动铁芯吸合，由于触头系统是与动铁芯联动的，因此动铁芯带动四条动触片同时运行，触点闭合，从而接通电源，为电机供电。

当线圈断电时，吸力消失，动铁芯联动部分依靠弹簧的反作用力而分离，使主触头断开，切断电机电源。

5. 选　用

（1）选择交流接触器主触点的额定电压。该电压应不小于负载回路的额定电压。

（2）选择交流接触器主触点的额定电流。控制电动机时，主触点的额定电流应大于（或稍大于）电动机的额定电流。

（3）选择接触器吸引线圈的电压。

（4）选择接触器的触点数量及触点类型。

6. 查一查

请了解至少两种线圈电压等级为 AC 220 V 的交流接触器，并将它们的型号、价格记录在下面：

_____

_____

_____

> 4种低压电器已全部介绍完了，它们的结构、原理以及符号你都掌握了吗？
> 如果你已经掌握了，那我们这一步你已经完成一大半了，接下来让我们看看这4种器件的应用。

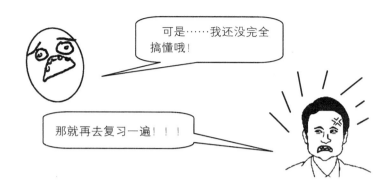

五、点动控制电路

在认识了上面 4 种低压电器后，我们便可利用这 4 种电器来实现电动机的点动控制了，在前面我们学习了电路的基本组成，你还能回忆起来一个电路由哪几部分组成吗？请把你回忆的结果记录在下面：

_____

_____

_____

知道了电路的基本组成后，前面介绍的这 4 种低压电器应该是属于电路的哪一部分，你能区分吗？请记录你的结果：

_____

_____

_____

要让电动机实现点动控制，就需要利用这 4 种低压电器组成点动控制电路，如图 2.24 所示为在实验室中完成的点动电路。

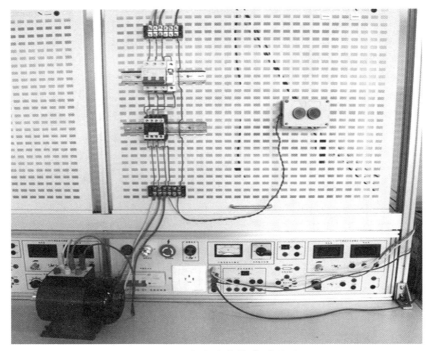

图 2.24　实验室中的点动实验

你能在图 2.24 中找到我们前面介绍的 4 种低压电器吗?

在图 2.24 中除了这 4 种低压电器以外,还有一些辅助器件,在这里我们用到了接线排如导轨,如图 2.25 所示。

图 2.25　接线排和导轨

请思考这 2 种辅助器件在电路中的作用是什么:

接线排: _____

_____

_____

导轨：_____

_____

_____

1. 电气原理图

我们在前面介绍了这些低压电器的图形符号，在这里可以用这些图形符号绘制出电动机电动控制的电气原理图，如图 2.26 所示。

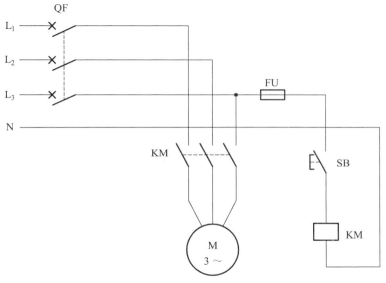

图 2.26　电气原理图

2. 电路工作原理

该电路的工作原理我们可以做如下分析：

先合上 QF。

启动：

　　　　按下 SB→KM 线圈得电→KM 主触头闭合→电动机 M 得电启动

停止：

　　　　松开 SB→KM 线圈失电→KM 主触头分断→电动机 M 失电停止

3. 想一想

你能分析出电路中的四种低压电器在电路中分别起什么作用吗？

低压断路器：＿＿＿＿＿＿＿＿＿＿＿＿＿＿＿＿＿＿＿＿＿＿

＿＿＿＿＿＿＿＿＿＿＿＿＿＿＿＿＿＿＿＿＿＿＿＿＿＿＿＿＿＿

熔断器：＿＿＿＿＿＿＿＿＿＿＿＿＿＿＿＿＿＿＿＿＿＿＿＿＿＿

＿＿＿＿＿＿＿＿＿＿＿＿＿＿＿＿＿＿＿＿＿＿＿＿＿＿＿＿＿＿

按钮开关：＿＿＿＿＿＿＿＿＿＿＿＿＿＿＿＿＿＿＿＿＿＿＿＿＿

＿＿＿＿＿＿＿＿＿＿＿＿＿＿＿＿＿＿＿＿＿＿＿＿＿＿＿＿＿＿

交流接触器：＿＿＿＿＿＿＿＿＿＿＿＿＿＿＿＿＿＿＿＿＿＿＿＿

＿＿＿＿＿＿＿＿＿＿＿＿＿＿＿＿＿＿＿＿＿＿＿＿＿＿＿＿＿＿

你能把电气原理图和实物图联系起来吗？

让我们来看一看实物图的更多细节，或许对你有所启发，如图 2.27 所示。

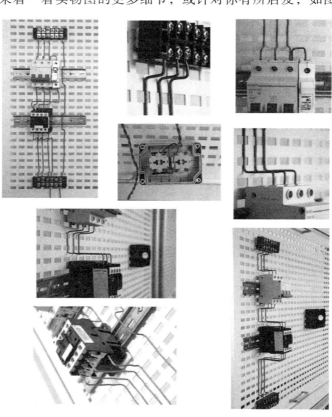

图 2.27　电路实物图

通过图 2.27，实物图和原理图之间的联系你看出来了吗？在电气线路安装上你又得到了什么启发呢？请记录下你的想法：

_____

_____

_____

_____

你一定在实物电路和原理图中发现了不少区别吧？电气原理图旨在诠释电路的工作基本原理，低压电器之间的逻辑关系。而在实际装配中除了电器间的逻辑关系以外还有很多需要我们注意的，为了让装配更准确，我们还需要一张电气装配图。

4. 电气装配图

所谓电气装配图就是一种表示设备位置关系以及电气连接关系的简图。它根据电气原理图和平面位置的布置编制而成，主要用于电气设备及电气线路的安装接线、检查、维修和故障处理。在实际工作中原理图可以和装配图配合使用。下面我们便根据前面的点动控制电气原理图来绘制它的装配图。

绘制装配图的第一步是根据装配环境（电气柜）设计器件的位置布局，注意这里指的器件包括辅助器件以及电动机，如图 2.28 所示。

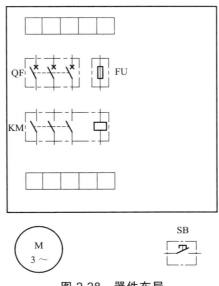

图 2.28　器件布局

在设计好器件布局之后，便是根据原理图将这些低压电器连起来，如图2.29 所示。

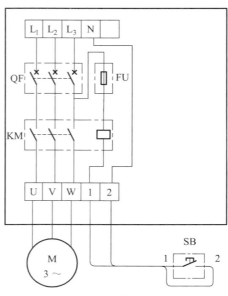

图.2.29　线路连接

上面这张便是电气装配图，现在你在将它与前面的实物图比较一下，现在的区别还有之前用原理图比较的时候大吗？

深思熟虑

这个我要想想~~~~

这么简单还要想吗？

装配图就是更接近我们实物电路的一种简单示意图，绘制装配图的过程就是一个模拟接线的过程，所以同学们一定要掌握这种绘图方式哦！

5. 注意事项

下面我们来总结一下在前面实物图和装配图里看到的一些细节：

（1）元器件分布合理。

（2）电源上进下出。

（3）贴壁走线，横平竖直，拐弯走直角。

（4）导线不能交叉，当必须要交叉时，引出导线水平架空跨越。

（5）连接导线时不压绝缘不露铜。

（6）接线排的每个端子最多只能连接两根导线。

（7）不在安装板上的电器元件要从端子排引出。

前面你自己总结的内容是否在这7条之内呢？

上面总结的这7条就是我们在制作电动机控制线路时的电气工艺。更详细的工艺要求可以参考GB 4728、GB 7159—87、GB 6988.4—86和GB 4026—83等国家标准。

六、任务实施

有了前面的知识准备，我们现在终于可以来进行本次任务的最后一项了，完成点动控制电路的安装。请在实训室按如表 2.1 所示的任务书完成任务。

表 2.1 电机的点动控制任务书

专业	机电技术应用专业	班级		姓名	
组长		组员		日期	
工作项目	电机的点动控制				
工作任务	1. 在教师的指导下，解读电机点动控制的工作任务要求。 2. 掌握实现点动控制的 4 种低压电器的结构、原理、符号以及应用。 3. 掌握点动控制的实现方式，理解电气原理图。 4. 绘制电气装配图。 5. 独立完成点动控制电路的装配与调试。 6. 能采用多种形式进行成果展示，并说出自己产品的优缺点，小组间相互评分。 7. 工作过程中自觉遵守作业规范，自觉清理场地、归置物品。				
能力要求	知识要求	1. 掌握实现点动控制的 4 种低压电器的结构、原理、符号以及应用。 2. 掌握和理解电机控制电气原理图，提高看图、识图能力。 3. 了解电气装配的一般工艺。 4. 能规范使用万用表测试元器件的性能及线路的功能。			
	技能要求	1. 能根据原理图设计器件布局，绘制装配图纸。 2. 能根据图纸利用低压电器搭接电机控制线路。 3. 学会用万用表检查装配过程中出现的各种故障，解决碰到的各种问题。 4. 工作过程中能自觉遵守作业规范。 5. 能自觉清理场地、归置物品。			
工作重点	1. 理解原理图，绘制装配图纸。 2. 点动控制电路的安装与调试及检修。				
工作难点	点动控制电路的安装与调试				
工具准备	低压断路器、熔断器、交流接触器、按钮开关、导轨、线排、电动机、万用表、改刀、剥线钳				
耗材清单	导线、线鼻子				
素质要求	1. 团队协作、合理分工。 2. 规范行为、安全操作。				

续表 2.1

任务过程	1. 咨讯	（1）请观察在日常生活中，有哪些点动控制？
		（2）绘制电机点动控制电气原理图？
	2. 决策	（1）如何实现控制，需要哪些元器件，用什么型号？
		（2）组员怎么分工？
		（3）器件如何布局，线路如何安装？
		（4）调试电路时，按什么样的步骤进行调试？

续表 2.1

		根据信息收集、任务分析，熟悉工作任务内容，在教师引导下进行工作任务安排。制定实施计划进度表如下（下表仅为计划制定的参考，具体的计划可以由学生自由发挥完成）：

	3. 计划		

序号	开始时间	结束时间	完成内容	工作要求	负责人	备注
1						
2						
3						

任务过程

4. 实施

步骤一：

在教师的指导下，根据原理图绘制装配图。

步骤二：

检查元器件好坏。

步骤三：

按照以下要求装配电路。

（1）布局分布合理；

（2）电源上进下出；

（3）贴壁走线，横平竖直，拐弯走直角；

（4）导线不能交叉，当必须要交叉时，引出导线水平架空跨越；

（5）连接导线时不压绝缘不露铜，接线紧固；

（6）接线排的每个端子最多只能连接两根导线；

（7）不在安装板上的电器元件要从端子排引出。

续表 2.1

任务过程	4. 实施	步骤四： 电路调试。 （1）通电前检查。 通电前要确保电路没有短路，可以用万用表在电源输入端检测，具体方法如下：万用表选择通路挡，两表笔接触三相电路中的任意两相，合上断路器、按下接触器（不接电动机），依次检测三相，如果均显示开路，即说明一次回路无短路；两表笔接二次回路，按下按钮开关，万用表蜂鸣器没有响，说明二次无短路，此时万用表显示的不是开路，而应是通路。请思考此时万用表检测到的哪个电器的是电阻值？ （2）确保电路无短路即可通电试车控制功能。请记录试车是否成功，如果不成功，请记录故障情况以及解决故障的办法。
	5. 检查	每组推荐 1 名代表，对完成的安装、调试进行说明和展示，填写活动评价表。 活动评价表可以参考下面的样表，由教师课前制作完成。 （见下表）
	6. 评估	根据自己在任务中的表现，完成自评表，之后由教师对你的工作进行评价，完成教师评价表。

活动评价表：

项目	自我评价	小组互评				教师评价
		一组	二组	……	n 组	

任务完成后，每个任务小组需要上交一份任务总结报告，具体格式可参考表 2.2，也可自行设计，但必须包含下表中所涉及的内容。

表 2.2　任务总结报告

任务名称		组长		日期	
班级		成员			
任务实施计划					
电气原理图					
装配图					
通电试车情况					
故障排除方法					

想一想　练一练

在点动控制中电机是在按钮按下的情况下才能转动，当放开按钮时，电机将停止。如果在需要电机一直工作的情况下就需要我们一直按下按钮开关，这样是不是很累？那么我们是否可以解决这个问题，请开动你的脑筋，想一想有什么办法可以让电机一直保持工作？

知识五：电机的常动控制

目标

　　理解常动和点动的区别。

　　掌握热继电器的结构、原理、符号以及应用。

　　掌握常动控制的实现方式，理解电气原理图。

　　绘制常动控制的装配图。

　　巩固电气装配的一般工艺。

　　能够独立完成常动控制电路的装配与调试。

> 在知识四的最后，让大家思考了一个问题，你有想到保持电机一直工作的方法吗？

深思熟虑

> 这个嘛……

这确实并非如他所说那样伟大，但对他个人而言确是具有里程碑的意义，以前想让"英雄"移动需要一直按住"W 键"，而现在只需"按住鼠标 5 秒"松开后"英雄"便会一直移动，这种运动方式已经不再是之前说的点动了，这种启动后可以一直工作的运动方式在电机控制里就是常动自锁控制，而且在电机控制里不需要大家像小帅那样去按 5 秒，只需轻轻一下，便可实现常动自锁。那么我们如何实现呢？

请想一想常动与点动之间有哪些相同？哪些不同？请记录你的想法：

　　我们可以发现常动自锁与点动之间存在类似的地方，那么我们是不是可以用前面实现点动的方法去实现常动自锁呢？

　　在揭开谜底前让我们先来认识一种新的低压电器，它是常动自锁控制电路里面必须要使用的一种低压电器——热继电器。

一、热继电器

1. 概　念

　　所谓热继电器就是一种专门保护电机，防止电机过载的保护类低压电器，如图 2.30 所示。

图 2.30　热继电器

　　低压电器在电路中除了起保护作用外，还有控制、测量、指示、转换等作用，在这本书中主要介绍保护和控制类的低压电器。结合前面的内容，你能把现在所认识的低压电器做一个分类吗：

　　保护类：＿＿＿＿＿＿＿＿＿＿＿＿＿＿＿＿＿＿＿＿＿＿＿＿＿＿＿

　　控制类：＿＿＿＿＿＿＿＿＿＿＿＿＿＿＿＿＿＿＿＿＿＿＿＿＿＿＿

2. 图形符号

　　热继电器的图形符号如图 2.31 所示。

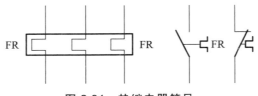

图 2.31   热继电器符号

3. 工作原理

　　热继电器是由流入热元件的电流产生热量，使不同膨胀系数的双金属片发生形变，当形变达到一定距离时，就推动连杆动作，使控制电路断开，从而使接触器失电，主电路断开，实现电动机的过载保护。

4. 选　用

　　由工作原理我们可以看出热继电器是通过感应流过热元件的电流来判断动作的。这个动作电流值就是热继电器的整定电流，一般这个值都是可以调节的，如图 2.32 所示。

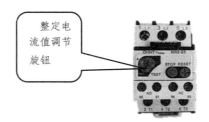

整定电流值调节旋钮

图 2.32   整定电流值调节旋钮

　　（1）当电动机启动电流为其额定电流的 6 倍及启动时间不超过 5 s 时，整定电流调节为电动机额定电流的 0.95 ~ 1.05 倍；

　　（2）当电动机的启动时间较长、拖动冲击性负载或不允许停车时，整定电流调节为电动机额定电流的 1.1 ~ 1.5 倍。

　　热继电器作为电动机的过载保护元件，以其体积小、结构简单、成本低等优点在生产中得到了广泛应用。

　　请思考，为什么在常动自锁控制里面需要用热继电器，而在点动控制里没有？可以将你的思考结果记录在这里：

_____

_____

二、电气原理图

常动自锁控制的电气原理图如图 2.33 所示。

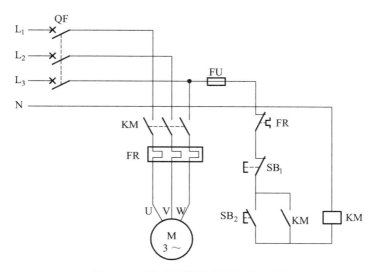

图 2.33　常动自锁控制电气原理图

三、电路工作原理

该电路的工作原理我们可以做如下分析:

先合上 QF。

启动:

停止:

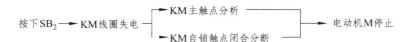

四、任务实施

（一）模拟接线

请根据原理图在如图 2.34 所示的实物照片上完成控制回路的模拟接线。

图 2.34　器件实物

（二）任务实施

根据如表 2.3 所示的任务书在实训室中完成该任务。

表 2.3 电机的常动控制任务书

组长		组员		日期	
工作项目	电机的常动控制				
工作任务	1. 在教师的指导下，解读电机常动控制的工作任务要求。 2. 掌握热继电器的结构、原理、符号以及应用。 3. 掌握常动控制的实现方式，理解电气原理图，掌握自锁控制方式。 4. 绘制电气装配图。 5. 独立完成常动控制电路的装配与调试。 6. 能采用多种形式进行成果展示，并说出自己产品的优缺点，小组间相互评分。 7. 工作过程中自觉遵守作业规范，自觉清理场地、归置物品。				
能力要求	知识要求	1. 掌热继电器的结构、原理、符号以及应用。 2. 掌握和理解电机控制电气原理图，提高看图、识图能力。 3. 了解电气装配的一般工艺。 4. 能规范使用仪器仪表测试元器件的性能及线路的功能。			
	技能要求	1. 能根据原理图设计器件布局，绘制装配图纸。 2. 能根据图纸利用低压电器搭接电机控制线路。 3. 学会用万用表检查装配过程中出现的各种故障，解决碰到的各种问题。 4. 工作过程中能自觉遵守作业规范。 5. 能自觉清理场地、归置物品。			
工作重点	1. 理解原理图，绘制装配图纸。 2. 常动控制电路的安装与调试及检修。				
工作难点	常动控制电路的安装与调试				
工具准备	低压断路器、熔断器、交流接触器、按钮开关、热继电器、导轨、线排、电动机、万用表、改刀、剥线钳				
耗材清单	导线、线鼻子				
素质要求	1. 团队协作、合理分工。 2. 规范行为、安全操作。				

续表 2.3

工作过程	1. 咨讯	（1）常动和点动的区别是什么？
		（2）绘制电机常动控制电气原理图？
	2. 决策	（1）如何实现控制，需要哪些元器件，用什么型号？
		（2）组员怎么分工？
		（3）器件如何布局，线路如何安装？
		（4）调试电路时，按什么样的步骤进行调试？
	3. 计划	根据信息收集、任务分析，熟悉工作任务内容，在教师引导下进行工作任务安排。制定实施计划进度表如下（下表仅为计划制定的参考，具体的计划可以由学生自由发挥完成）：

序号	开始时间	结束时间	完成内容	工作要求	负责人	备注
1						
2						
3						

续表 2.3

工作过程	4. 实施	步骤一： 在教师的指导下，根据原理图绘制装配图。
		步骤二： 检查元器件好坏。
		步骤三： 按照以下要求装配电路。 （1）布局分布合理； （2）电源上进下出； （3）贴壁走线，横平竖直，拐弯走直角； （4）导线不能交叉，当必须要交叉时，引出导线水平架空跨越； （5）连接导线时不压绝缘不露铜，接线紧固； （6）接线排的每个端子最多只能连接两根导线； （7）不在安装板上的电器元件要从端子排引出。

续表 2.3

<table>
<tr>
<td rowspan="2">工作过程</td>
<td>4. 实施</td>
<td>步骤四：

电路调试。

（1）通电前检查。

通电前要确保电路没有短路，可以用万用表在电源输入端检测，具体方法如下：万用表选择通路挡，两表笔接触三相电路中的任意两相，合上断路器、按下接触器（不接电动机），依次检测三相，如果均显示开路，即说明一次回路无短路；两表笔接二次回路，按下按钮开关，万用表蜂鸣器没有响，说明二次无短路，此时万用表显示的不是开路，而应是通路。请思考如何利用万用表检查电路的自锁功能是否有效？

（2）确保电路无短路即可通电试车控制功能。请记录试车是否成功，如果不成功，请记录故障情况以及解决故障的办法。

</td>
</tr>
<tr>
<td>5. 检查</td>
<td>每组推荐 1 名代表，对完成的安装、调试进行说明和展示，填写活动评价表。

活动评价表可以参考下面的样表，由教师课前制作完成。

<table><tr><td rowspan="2">项目</td><td rowspan="2">自我评价</td><td colspan="4">小组互评</td><td rowspan="2">教师评价</td></tr><tr><td>一组</td><td>二组</td><td>……</td><td>n 组</td></tr><tr><td></td><td></td><td></td><td></td><td></td><td></td><td></td></tr><tr><td></td><td></td><td></td><td></td><td></td><td></td><td></td></tr></table></td>
</tr>
</table>

	6. 评估	根据自己在任务中的表现，完成自评表，之后由教师对你的工作进行评价，完成教师评价表。

任务完成后，每个任务小组需要上交一份任务总结报告，具体格式可参考表 2.4，也可自行设计，但必须包含下表中所涉及的内容。

表 2.4　任务总结报告

任务名称		组长		日期	
班级		成员			
任务实施计划					
电气原理图					
装配图					
通电试车情况					
故障排除方法					

想一想　练一练

请思考，除了我们已经讲过的这 2 种电动机的运动方式以外，还有哪些运动方式?

知识六: 倒顺开关实现电动机的正反转控制

目标

　理解电动机正反控制的实现方法。

　掌握倒顺开关的结构、原理、符号以及应用。

　掌握利用倒顺开关实现电机正反转的方法。

　绘制倒顺开关控制正反转的装配图。

　巩固电气装配的一般工艺。

　能够独立完成倒顺开关正反转控制电路的装配与调试。

什么是电动机的正反转呢?

　　所谓正反转就是圆周运动的两种方向，顺时针旋转和逆时针旋转。电动机就是一种圆周运动的机器，也拥有这两种运动方向。那么我们如何来实现电动机的正反转呢？

　　先让我们来认识一种新的低压电器——倒顺开关。

一、倒顺开关

　　倒顺开关也叫转换开关，如图 2.35 所示。它的作用是连通、断开电源或负载，可以使电机正转或反转，主要是实现三相小功率电机做正反转运动的电气元件。

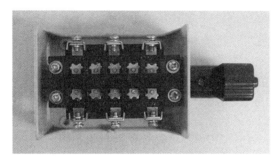

图 2.35　倒顺开关

　　由倒顺开关的定义可以看出这是一种主令电器。那它是如何实现电动机的正反转的呢？让我们先来看一下它的内部结构。

　　倒顺开关的内部其实就是简单的机械联动装置，当搬动把手向上的时候，上下接通方式如图 2.36 所示。

图 2.36　搬动把手向上的接通方式

　　当搬动把手向下的时候，上下接通方式如图 2.37 所示。

图 2.37　搬动把手向下的接通方式

　　我们可以看出当把手向上和向下的时候，倒顺开关的内部接通方式是不同的，就是利用这种不同的连接方式实现电动机的正反转。倒顺开关的电路示意图如图 2.38 所示。

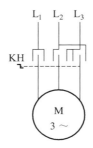

图 2.38　利用倒顺开关的接通方式实现电动机正反转的电路示意图

　　在图 2.38 中，当倒顺开关向上和向下开启时，电动机便可实现正反转，那么现在你能总结出实现三相异步电动机正反转的方法是什么吗？（注意：倒顺开关只是实现正反转控制的一种工具，而不是电动机正反转的原因哦，你能通过上面的介绍把电动机正反转的原因总结出来吗？）

二、电气原理图

　　倒顺开关实现电动机正反转的电气原理如图 2.39 所示。

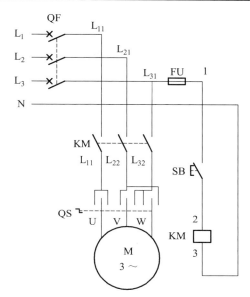

图 2.39 倒顺开关实现电动机正反转的电气原理图

三、任务实施

根据如表 2.5 所示的任务书在实训室中实施任务。

表 2.5 倒顺开关实现正反转控制电路任务书

专业	机电技术应用专业	班级		姓名	
组长		组员		日期	
工作项目	倒顺开关实现正反转控制电路				
工作任务	1. 在教师的指导下，解读倒顺开关实现正反转控制电路的工作任务要求。 2. 掌握热倒顺开关的结构、原理、符号以及应用。 3. 掌握正反转的实现方式，理解电气原理图。 4. 绘制电气装配图。 5. 独立完成倒顺开关实现正反转控制电路的装配与调试。 6. 能采用多种形式进行成果展示，并说出自己产品的优缺点，小组间相互评分。 7. 工作过程中自觉遵守作业规范，自觉清理场地、归置物品。				

续表 2.5

能力要求	知识要求	1. 掌倒顺开关的结构、原理、符号以及应用。 2. 掌握和理解电机控制电气原理图,提高看图、识图能力。 3. 了解电气装配的一般工艺。 4. 能规范使用仪器仪表测试元器件的性能及线路的功能。
	技能要求	1. 能根据原理图设计器件布局,绘制装配图纸。 2. 能根据图纸利用低压电器搭接电机控制线路。 3. 学会用万用表检查装配过程中出现的各种故障,解决碰到的各种问题。 4. 工作过程中能自觉遵守作业规范。 5. 能自觉清理场地、归置物品。
工作重点		1. 理解原理图,绘制装配图纸。 2. 电路的安装与调试及检修。
工作难点		电路的安装与调试
工具准备		低压断路器、熔断器、交流接触器、按钮开关、热继电器、倒顺开关、导轨、线排、电动机、万用表、改刀、剥线钳
耗材清单		导线、线鼻子
素质要求		1. 团队协作、合理分工。 2. 规范行为、安全操作。
工作过程	1. 咨讯	（1）在日常生活中有哪些正反转控制? 三相异步电动机实现正反转的方法是什么? （2）绘制倒顺开关实现正反转控制电气原理图?

续表 2.5

工作过程	2. 决策	（1）如何实现控制，需要哪些元器件，用什么型号？
		（2）组员怎么分工？
		（3）器件如何布局，线路如何安装？
		（4）调试电路时，按什么样的步骤进行调试？
	3. 计划	根据信息收集、任务分析，熟悉工作任务内容，在教师引导下进行工作任务安排。制定实施计划进度表如下（下表仅为计划制定的参考，具体的计划可以由学生自由发挥完成）： 序号｜开始时间｜结束时间｜完成内容｜工作要求｜负责人｜备注 1 2 3
	4. 实施	步骤一： 在教师的指导下，根据原理图绘制装配图。

续表 2.5

工作过程	4. 实施	步骤二： 检查元器件好坏。
		步骤三： 按照以下要求装配电路。 （1）布局分布合理； （2）电源上进下出； （3）贴壁走线，横平竖直，拐弯走直角； （4）导线不能交叉，当必须要交叉时，引出导线水平架空跨越； （5）连接导线时不压绝缘不露铜，接线紧固； （6）接线排的每个端子最多只能连接两根导线； （7）不在安装板上的电器元件要从端子排引出。
		步骤四： 电路调试。 （1）通电前检查。 　　通电前要确保电路没有短路，可以用万用表在电源输入端检测，具体方法如下：万用表选择通路挡，两表笔接触三相电路中的任意两相，合上断路器、按下接触器（不接电动机），依次检测三相，如果均显示开路，即说明一次回路无短路；两表笔接二次回路，按下按钮开关，万用表蜂鸣器没有响，说明二次无短路，此时万用表显示的不是开路，而应是通路。请思考如何利用万用表检查电机是否可以实现正反转？ （2）确保电路无短路即可通电试车控制功能。请记录试车是否成功，如果不成功，请记录故障情况以及解决故障的办法。
	5. 检查	每组推荐 1 名代表，对完成的安装、调试进行说明和展示，填写活动评价表。 活动评价表可以参考下面的样表，由教师课前制作完成。
	6. 评估	根据自己在任务中的表现，完成自评表，之后由教师对你的工作进行评价，完成教师评价表。

项目	自我评价	小组互评				教师评价
		一组	二组	……	n 组	

　　任务完成后，每个任务小组需要上交一份任务总结报告，具体格式可参考表 2.6，也可自行设计，但必须包含下表中所涉及的内容。

表 2.6　任务总结报告

任务名称		组长		日期	
班级		成员			
任务实施计划					
电气原理图					
装配图					
通电试车情况					
故障排除方法					

想一想　练一练

这里介绍了如何用倒顺开关实现电动机的正反转，也总结了电动机实现正反转的基本方法，那么现在你能够不使用倒顺开关，而只用交流接触器和按钮开关来实现电动机的正反转吗？请尝试绘制出这个电路图来。

知识七：接触器实现电机的正反转控制

目标

掌握利用交流接触器实现电机正反转的方法。

理解互锁控制的基本思路。

掌握联动开关的基本结构、符号及应用。

绘制交流接触器控制正反转的装配图。

巩固电气装配的一般工艺。

能够独立完成交流接触器正反转控制电路的装配与调试。

能够独立完成双重连锁正反转控制电路的设计、装配与调试。

有了前面的介绍，我想大家现在对电动机的正反转已经有了一些认识和自己的理解。那么下面我们就介绍用接触器来实现电动机正反转的方法。

小饼，你能说说如何用接触器来代替倒顺开关实现电动机的正反转吗？

好像有点难哦！

那还是让我来告诉你吧。

别急，我想到了，用2个接触器分别按照倒顺开关的2种相序连接方式给电动机供电，2个接触器就可以实现2种旋转方向了。

看来小饼是把正反转的原理理解了，不然是提不出这个思路的，小饼的思路是很正确的，在工业控制中也是这么做的，那这 2 个接触器怎么控制呢？

小饼是越来越聪明了，那我们就按小饼的思路画出用接触器实现电动机正反转的电气原理图，如图 2.40 所示。

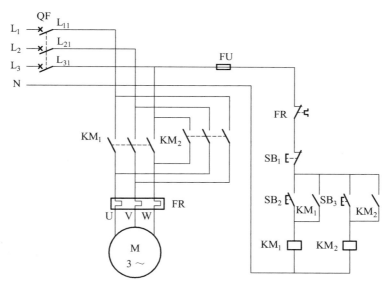

图 2.40　电动机正反转的电气原理图

小饼急躁的毛病又犯了哦，先别急着去接电路。

请思考图 2.40 中的 2 个交流接触器可以同时闭合吗？为什么？

2 个接触器同时闭合会带来什么结果呢？你知道帅小饼想到了什么吗？你可以把你思考的内容写在下面：

_____

_____

_____

_____

小饼已经发现了问题所在，你是否也发现了上面给出的电气原理图存在一些问题呢？你能解决这个问题吗？你可以结合前面介绍的交流接触器的内容，来思考如何避免 2 个交流接触器同时闭合？

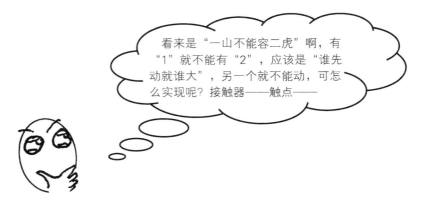

帅小饼已经开始思考了，不知你的思路结果是什么？你可以将修改后的电气原理图绘制在下面。

一、接触器互锁

你应该已经想到了如何避免两个交流接触同时闭合的方法了吧。帅小饼可是想出了方法哦。

那是，这么简单的问题岂能难住我。方法很简单，就是2个接触器分别将自己的常闭触点串入对方的控制回路里，就是在自己动作的时候阻止对方运动，因为当接触器工作时常闭触点是断开的，这就可以断开对方的控制回路，让其无法工作。呵呵，我厉害吧，下次出难一点的问题，没挑战啊！

小饼说得很正确啊，不过就是太骄傲了，切记不可自满。

小饼给出的这种方法在电机控制里叫做互锁控制，是正反转电路必用的，这个思路在很多控制里都会用到。

下面让我们看一下交流接触器互锁控制的原理图，如图 2.41 所示。

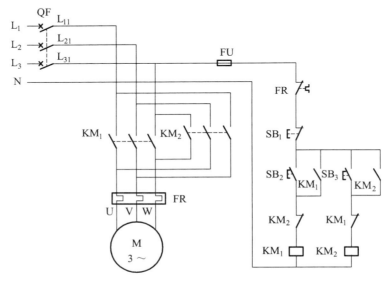

图 2.41　交流接触器互锁控制的原理图

按下 SB_1→KM_1 线圈得电→KM_1 所有触点闭合。

请问此时按下 SB_2，KM_2 的线圈能得电吗？此时想要 KM_2 工作该怎么办呢？

_____

_____

_____

_____

二、接触器互锁任务实施

在实训室按如表 2.7 所示的任务书的要求练习互锁电路。

表 2.7 接触器互锁控制正反转任务书

专业	机电技术应用专业		班级		姓名	
组长			组员		日期	
工作项目	接触器互锁控制正反转					
工作任务	1. 在教师的指导下，解读接触器互锁正反转控制的工作任务要求。 2. 掌握互锁控制的作用。 3. 理解电气原理图。 4. 绘制电气装配图。 5. 独立完成接触器互锁正反转控制电路的装配与调试。 6. 能采用多种形式进行成果展示，并说出自己产品的优缺点，小组间相互评分。 7. 工作过程中自觉遵守作业规范，自觉清理场地、归置物品。					
能力要求	知识要求	1. 掌握互锁控制的作用。 2. 掌握和理解电机控制电气原理图，提高看图、识图能力。 3. 了解电气装配的一般工艺。 4. 能规范使用仪器仪表测试元器件的性能及线路的功能。				
	技能要求	1. 能根据原理图设计器件布局，绘制装配图纸。 2. 能根据图纸利用低压电器搭接电机控制线路。 3. 学会用万用表检查装配过程中出现的各种故障，解决碰到的各种问题。 4. 工作过程中能自觉遵守作业规范。 5. 能自觉清理场地、归置物品。				
工作重点	1. 理解原理图，绘制装配图纸。 2. 电路的安装与调试及检修。					
工作难点	电路的安装与调试					
工具准备	低压断路器、熔断器、交流接触器、按钮开关、热继电器、导轨、线排、电动机、万用表、改刀、剥线钳					
耗材清单	导线、线鼻子					
素质要求	1. 团队协作、合理分工。 2. 规范行为、安全操作。					

续表 2.7

工作过程	1. 咨讯	（1）为什么需要互锁？
		（2）绘制接触器互锁正反转控制电气原理图？
	2. 决策	（1）如何实现控制，需要哪些元器件，用什么型号？
		（2）组员怎么分工？
		（3）器件如何布局，线路如何安装？
		（4）调试电路时，按什么样的步骤进行调试？
	3. 计划	根据信息收集、任务分析，熟悉工作任务内容，在教师引导下进行工作任务安排。制定实施计划进度表如下（下表仅为计划制定的参考，具体的计划可以由学生自由发挥完成）：

序号	开始时间	结束时间	完成内容	工作要求	负责人	备注
1						
2						
3						

续表 2.7

工作过程	4. 实施	步骤一： 在教师的指导下，根据原理图绘制装配图。
		步骤二： 检查元器件好坏。
		步骤三： 按照以下要求装配电路。 （1）布局分布合理； （2）电源上进下出； （3）贴壁走线，横平竖直，拐弯走直角； （4）导线不能交叉，当必须要交叉时，引出导线水平架空跨越； （5）连接导线时不压绝缘不露铜，接线紧固； （6）接线排的每个端子最多只能连接两根导线； （7）不在安装板上的电器元件要从端子排引出。

续表 2.7

工作过程	4. 实施	步骤四： 电路调试。 （1）通电前检查。 通电前要确保电路没有短路，可以用万用表在电源输入端检测，具体方法如下：万用表选择通路挡，两表笔接触三相电路中的任意两相，合上断路器、按下接触器（不接电动机），依次检测三相，如果均显示开路，即说明一次回路无短路；两表笔接二次回路，按下按钮开关，万用表蜂鸣器没有响，说明二次无短路，此时万用表显示的不是开路，而应是通路。请思考如何利用万用表检查接触器互锁是否有效？ （2）确保电路无短路即可通电试车控制功能。请记录试车是否成功，如果不成功，请记录故障情况以及解决故障的办法。
	5. 检查	每组推荐 1 名代表，对完成的安装、调试进行说明和展示，填写活动评价表。 活动评价表可以参考下面的样表，由教师课前制作完成。

项目	自我评价	小组互评				教师评价
		一组	二组	……	n 组	

任务完成后，每个任务小组需要上交一份任务总结报告，具体格式可参考表 2.8，也可自行设计，但必须包含下表中所涉及的内容。

表 2.8　任务总结报告

任务名称		组长		日 期	
班级		成员			
任务实施计划					
电气原理图					
装配图					
通电试车情况					
故障排除方法					

三、开关连锁

我们除了使用交流接触的触点来实现互锁以外，还可以利用按钮开关的联动来实现互锁，而且利用按钮开关联动控制还会有意外惊喜哦！先让我们来认识一下联动按钮开关，如图 2.42 所示。

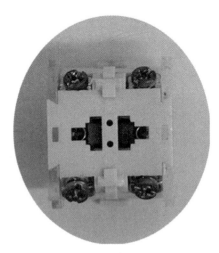

图 2.42　连锁开关实物

没错，这就是我们一直使用的按钮开关，不知道你之前在用的时候有没有注意这一个按钮是有 2 个触点的呢？而且当你按下此按钮的时候，这 2 个触点是同时动作的，那么我们就可以把这两个触点叫做联动。如图 2.43 所示为联动按钮的电气图形符号。

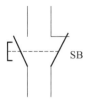

图 2.43　连锁开关符号

你能看出在电气原理图里是如何来表示联动的吗？请你在下面绘制两个常开触点和一个常闭触点的联动符号。

联动按钮的互锁示意图如图 2.44 所示。

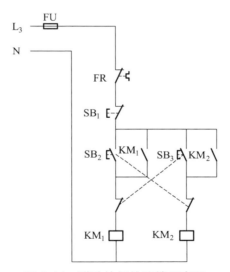

图 2.44 联动按钮的互锁示意图

在此时按下 SB_2，KM_2 的线圈可以得电吗？为什么？你可以将思考结果记录在下面：

_____

_____

_____

我们在前面介绍了 2 种实现接触器互锁的方法，那么现在请将这 2 种方法应用于前面给出的正反转电路里。请尝试在前面的正反转电路里分别加入 2 种互锁方式，你可以将电路绘制在下面：

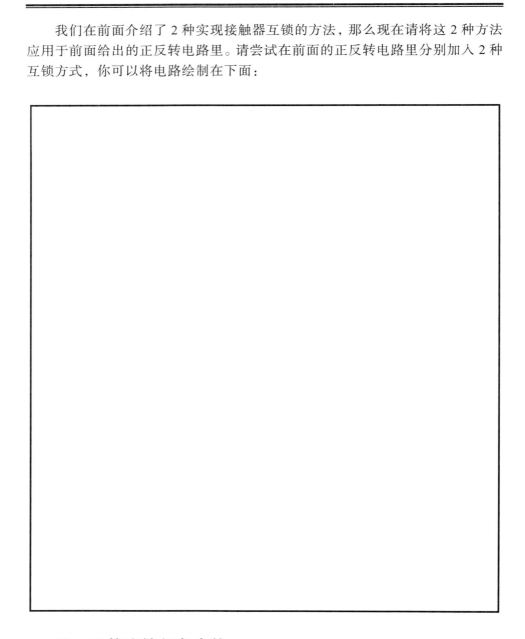

四、开关连锁任务实施

在实训室按如表 2.9 所示的任务书练习加上开关连锁后的正反转电路。

表 2.9 双重连锁正反转控制任务书

专业	机电技术应用专业		班级		姓名	
组长			组员		日期	
工作项目	双重连锁正反转控制					
工作任务	1. 在教师的指导下，解读接双重连锁正反转控制的工作任务要求。 2. 掌握联动开关的作结构及应用。 3. 理解电气原理图。 4. 绘制电气装配图。 5. 独立完成双重连锁正反转控制电路的装配与调试。 6. 能采用多种形式进行成果展示，并说出自己产品的优缺点，小组间相互评分。 7. 工作过程中自觉遵守作业规范，自觉清理场地、归置物品。					
能力要求	知识要求		1. 掌握互锁控制的作用。 2. 掌握和理解电机控制电气原理图，提高看图、识图能力。 3. 了解电气装配的一般工艺。 4. 能规范使用仪器仪表测试元器件的性能及线路的功能。			
	技能要求		1. 能根据原理图设计器件布局，绘制装配图纸。 2. 能根据图纸利用低压电器搭接电机控制线路。 3. 学会用万用表检查装配过程中出现的各种故障，解决碰到的各种问题。 4. 工作过程中能自觉遵守作业规范。 5. 能自觉清理场地、归置物品。			
工作重点	1. 理解原理图，绘制装配图纸。 2. 电路的安装与调试及检修。					
工作难点	电路的安装与调试					
工具准备	低压断路器、熔断器、交流接触器、按钮开关、热继电器、导轨、线排、电动机、万用表、改刀、剥线钳					
耗材清单	导线、线鼻子					
素质要求	1. 团队协作、合理分工。 2. 规范行为、安全操作。					

续表 2.9

工作过程	1. 咨讯	（1）双重连锁和单一互锁有什么区别？
		（2）绘制双重连锁正反转控制电气原理图？
	2. 决策	（1）如何实现控制，需要哪些元器件，用什么型号？
		（2）组员怎么分工？
		（3）器件如何布局，线路如何安装？
		（4）调试电路时，按什么样的步骤进行调试？
	3. 计划	根据信息收集、任务分析，熟悉工作任务内容，在教师引导下进行工作任务安排。制定实施计划进度表如下（下表仅为计划制定的参考，具体的计划可以由学生自由发挥完成）：

序号	开始时间	结束时间	完成内容	工作要求	负责人	备注
1						
2						
3						

续表 2.9

工作过程	4. 实施	步骤一： 在教师的指导下，根据原理图绘制装配图。
		步骤二： 检查元器件好坏。
		步骤三： 按照以下要求装配电路。 （1）布局分布合理； （2）电源上进下出； （3）贴壁走线，横平竖直，拐弯走直角； （4）导线不能交叉，当必须要交叉时，引出导线水平架空跨越； （5）连接导线时不压绝缘不露铜，接线紧固； （6）接线排的每个端子最多只能连接两根导线； （7）不在安装板上的电器元件要从端子排引出。

续表 2.9

<table>
<tr>
<td rowspan="2">工作过程</td>
<td>4. 实施</td>
<td>
步骤四：
电路调试。
（1）通电前检查。
通电前要确保电路没有短路，可以用万用表在电源输入端检测，具体方法如下：万用表选择通路挡，两表笔接触三相电路中的任意两相，合上断路器、按下接触器（不接电动机），依次检测三相，如果均显示开路，即说明一次回路无短路；两表笔接二次回路，按下按钮开关，万用表蜂鸣器没有响，说明二次无短路，此时万用表显示的不是开路，而应是通路。请思考如何利用万用表检查电路功能？

（2）确保电路无短路即可通电试车控制功能。请记录试车是否成功，如果不成功，请记录故障情况以及解决故障的办法。

</td>
</tr>
</table>

<table>
<tr>
<td rowspan="2">　</td>
<td rowspan="2">5. 检查</td>
<td colspan="6">
每组推荐 1 名代表，对完成的安装、调试进行说明和展示，填写活动评价表。
活动评价表可以参考下面的样表，由教师课前制作完成。
</td>
</tr>
</table>

项目	自我评价	小组互评				教师评价
		一组	二组	……	n 组	

6. 评估	根据自己在任务中的表现，完成自评表，之后由教师对你的工作进行评价，完成教师评价表。

　　任务完成后，每个任务小组需要上交一份任务总结报告，具体格式可参考表 2.10，也可自行设计，但必须包含下表中所涉及的内容。

表 2.10　任务总结报告

任务名称		组长		日 期	
班级		成员			
任务实施计划					
电气原理图					
装配图					
通电试车情况					
故障排除方法					

想一想　练一练

　　请思考，我们前面已经介绍了几种常见的电动机控制方式，那么要实现电动葫芦的电气控制，需要用到哪种控制方式呢？你可以通过网络查阅到所需要的信息。

项目实施

有了知识平台的介绍，现在就可以准备实施项目了。要保证项目的顺利进行，准备工作是不能马虎的，在我们这个项目中需要做的准备工作有如下内容：

（1）成立项目小组，确定人员职责；

（2）分析项目特点，制定项目实施计划。

根据以上内容，设计了如下任务：

任务一	项目调研分析
任务二	制定项目实施计划

小饼，准备好了吗？要开始做第一个任务了哦。

很好，下面就开始第一个任务。

任务一：项目调研分析

任务目标

对本次项目进行调研分析，分解项目任务，完成分析报告。

本次项目需要进行的第一步就是项目的调研分析，首先要了解本次项目所涉及产品在目前市场上的种类、价格，客户对产品的需求是什么；然后给出分析报告，作为我们制定项目实施计划的依据。这一步是我们整个项目成败的关键。

各位不用担心，本次任务对于没有进行过类似活动的同学确实有些难度，所以下面专门制作了本次任务的任务书，如表 3.1 所示。任务书中按步骤列出了在本次任务中需要做的事情，按照任务书中的步骤逐一完成，完成后的任务书就是本次调研分析的报告。

表 3.1　项目调研任务书

专业	机电技术应用专业		班级		组名	
组长		组员			日期	
工作任务	电动葫芦电气控制电路项目调研分析					
工作内容	1. 在教师的指导下，解读工作任务要求。 2. 进入市场调研目前市面上常见的电动葫芦品牌、型号、类型、价格和应用范围。 3. 了解本次项目客户对产品的要求。 4. 根据客户要求分解本次项目的工作任务，了解需要几个步骤可以完成本次项目。					

续表 3.1

能力要求	知识要求	1. 项目特点分析； 2. 语言组织。
	技能要求	1. 信息收集，整理； 2. 任务分解。
工作重点	1. 信息收集、整理； 2. 任务分解。	
工作难点	任务分解	
工具准备	纸、笔、电脑	
素质要求	1. 团队协作、合理分工； 2. 规范行为、安全操作。	
工作过程	1. 咨讯	（1）什么是市场调研？
		（2）本次市场调研主要在哪些地方进行？
		（3）本次项目客户对产品的要求是什么？
	2. 决策	组员怎么分工？
	3. 计划	根据信息收集、任务分析，熟悉工作任务内容，在教师引导下进行工作任务安排。制定实施计划进度表如下（下表仅为计划制定的参考，具体的计划可以由学生自由发挥完成）：

序号	开始时间	结束时间	完成内容	工作要求	负责人	备注
1						
2						
3						

续表 3.1

工作过程	4. 实施	步骤一： 在教师指导下，完成市场调研，收集电动葫芦品牌、型号、类型、价格和应用范围等信息，并填入下表中。 表1 （本次调研至少需收集五种电动葫芦的信息） 步骤二： 分析产品特点。 （1）电动葫芦由哪几部分组成？ （2）电动葫芦是靠什么实现运动工作的？ （3）根据客户的要求确定本次项目的内容是什么？ 步骤三： 分解项目工作任务。 表2 （根据分解的任务扩充表格）
	5. 检查评估	每组推荐1名代表，对完成项目计划进行说明和展示，填写活动评价表。 活动评价表可以参考下面的样表，由教师课前制作完成。 表3

步骤一表：

序号	产品名称	品牌	型号	类型	价格	应用范围
1						
2						
3						
4						
5						

步骤三表：

工作任务	工作任务内容

活动评价表：

项目	自我评价	小组互评				教师评价
		一组	二组	……	n 组	

完成了上面的任务书就算完成了我们对项目的前期调研与分析工作，已经成功走出了第一步。接下来我们就要进行本次项目的第二步：根据前面对项目的调研分析，制定本次项目的实施计划。

任务二：制定项目实施计划

> **任务目标**
>
> 根据项目调研分析报告制定本次项目的实施计划。

做任何事情都需要有计划，为自己将要做的事制定目标和步骤。我们现在是要做一个工程项目，就更需要一份切实可行的计划。小饼之前做过什么计划吗？

每学期老师都让写新学期计划，这个算不算？

每学期的新学期计划都有写好好学习吧，希望你能够认真实施哦！我们现在要做的是本次项目的实施计划，首先就必须确保这个计划是切实可行的，是用来指导我们后面实施项目用的，而不只是交给老师的作业。先看一下下面的"知识小贴士"了解编写项目实施计划的一般格式。

 知识小贴士

项目实施计划书

第1章 总述

1.1 项目背景（介绍本次项目存在的背景，即为什么需要这个项目，这个

项目的目的是什么）

1.2　用户环境（本次项目面向的用户情况是什么）

1.3　项目组成及产品介绍（对本次项目的产品作简单的介绍）

第 2 章　项目阶段划分

2.1　项目准备阶段（明确准备阶段的内容）

2.2　项目实施与控制阶段（明确实施阶段的内容）

2.3　项目验收阶段（明确验收阶段的内容）

第 3 章　工作任务

（根据对项目的调研分析结果，将项目分成若干个工作任务，逐步逐步的完成。在这里就是将这些工作任务逐一的罗列出来，应包括每个工作任务的目标、起止时间、内容、成果、相关资料等）

第 4 章　项目人员计划

（应包括项目小组成员介绍，各自在本次项目中的责任与分工）

第 5 章　项目要求

（为保障本次项目正常进行提出相关要求）

第 6 章　项目工作流程

6.1　项目沟通（项目在实施过程中各部门之间的沟通方式）

6.2　准备工作（项目准备工作的相关内容）

6.3　现场工作（在工作现场具体问题的处理流程及规范）

6.4　验收工作（验收工作的组织形式，验收方式等）

6.5　文档提交（项目结束后需要提交给客户的相关资料性文档清单）

6.6　紧急情况处理（项目实施中出现紧急情况时的应对方案）

好复杂！真的要我写吗？

不要怕，小贴士里给出的是一份计划书的目录提纲以及每部分需要的内容提要，在任务一里我们已经将本次项目做了任务分解，根据任务一的结果应该很容易完成我们的实施计划。那么本次项目的计划就按这个格式来做。根据实际情况，其中的第 6 部分作为选作内容。

实施计划是项目实施的指导性文件，是保证项目顺利进行的重要前提。做好计划后就可以进入本次项目的实施阶段了。

前面做的两个任务是为项目顺利实施做的准备，接下来就完成如下实施任务：

任务三	电气原理图设计
任务四	绘制电气装配图
任务五	器件选型及经费预算
任务六	电路的装配与调试

小饼，马上就要开始任务的实施了，这一部分也是这次任务的主要内容，里面包含了大量的知识，也有大量的工作需要去做，做完这些工作这次的项目产品也就完成了，同时完成这些任务后也能够学会维修电工的基本知识了，你准备好了吗？

什么叫维修电工的基本知识，能不能具体点哦？

就是利用低压电器实现电气控制的基本方法、维修电工的一些操作技能、企业生产的一般流程等。

任务三：电气原理图设计

任务目标

设计电动葫芦的电气原理图。

一、任务准备

下面需要实施的第一步就是原理图的设计，本次项目是电气系统的制作，原理图就是基础。不知道你们在计划中写的工作任务是否和我们将要进行的一样呢？

如果不一样呢？

不一样就想想为什么不一样，是否比老师的更合理？

下面我们就来实施计划第一步，设计电动葫芦的控制电气原理图。

好像很深奥的样子哦！

　　电动葫芦作为一种专门的起重工具，它最主要的作用就是吊起和放下重物，电动葫芦的这个工作过程是靠电动机带动卷筒，通过卷筒收放钢丝绳来实现的。在前面，我们已经学习了电动葫芦的工作过程和操作。电动葫芦的动作是靠 2 台电动机实现的，那么小饼你能回答电动葫芦的电气控制系统是用来控制电动葫芦的那部分的吗？

嗯~电动机

　　不错，小饼回答得很正确，电动葫芦的电气控制系统就是控制电动葫芦的 2 台电动机的，所以我们本次任务设计的原理图就是这 2 台电机的控制线路的原理图。那么在工业上是怎样实现电动机控制的呢？

　　有了前面的知识介绍，现在应该知道在工业上是如何实现电动机控制的了吧？

当然，还是很简单的嘛

　　还记得前面对电动葫芦工作过程的分析吗？

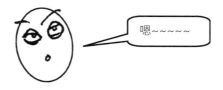

嗯~~~~~

　　看来是忘记了，现在回到教材前面再复习一下前面对电动葫芦的分析内容。

　　复习完前面的内容后，请分析出电动葫芦的起升电机是由电机的哪种控制来完成的？请记录你的想法。

　　根据工作现场的需要，电动葫芦不可能只在一个地方起吊重物，它还需要移动，我们在前面的图片介绍中也看到，电动葫芦一般都是固定在一根钢轨上的，它可以在这根钢轨上来回移动，以便在不同地方起吊重物。实现这个功能的就是电动小车，你能分析一下，电动葫芦的电动小车电机是靠电机的哪种控制来实现的吗？请记录你的想法。

　　有了上面的分析，你现在对电动葫芦的电气控制方式理解清楚了吗？在这里需要注意的是电动葫芦的运动限位，如何实现限位是需要思考的。

　　你能绘制出电气原理图吗？让我们来试试。

二、任务实施

　　请按如表 3.2 所示的任务书，实施本次任务。任务结束后，每个小组需要上交一份电气原理图纸。

表 3.2　电气原理图设计任务书

专业	机电技术应用专业		班级		姓名	
组长			组员		日期	
工作项目	电动葫芦电气控制电路项目电气原理图设计					
工作任务	1. 在教师的指导下，解读工作任务要求。 2. 分析电动葫芦的工作要求及工作方式。 3. 选择控制方式。 4. 绘制电气原理图。 5. 能采用多种形式进行成果展示，并说出自己产品的优缺点，小组间相互评分。 6. 工作过程中自觉遵守作业规范，自觉清理场地、归置物品。					
能力要求	知识要求	1. 电机的基本控制方式； 2. 电气原理图的绘制。				
	技能要求	1. 能根据电动葫芦的工作方式分析其采用的控制方式； 2. 绘制电气原理图；				

续表 3.2

工作重点	1. 控制分析； 2. 图纸绘制。	
工作难点	控制分析	
工具准备	纸、笔、电脑	
耗材清单		
素质要求	1. 团队协作、合理分工； 2. 规范行为、安全操作；	
工作过程	1. 咨讯	（1）电动葫芦是如何工作的，它应具备哪些功能？
		（2）哪种控制可以实现电动葫芦的控制？
	2. 决策	（1）采用何种控制方式去实现电动葫芦的工作？
		（2）在采用的控制方式中需要注意什么？
	3. 计划	根据信息收集、任务分析，熟悉工作任务内容，在教师的引导下进行工作任务安排。制定实施计划进度表如下（下表仅为计划制定的参考，具体的计划可以由学生自由发挥完成）：
		步骤一： 确定电动葫芦的控制方式。

序号	开始时间	结束时间	完成内容	工作要求	负责人	备注
1						
2						
3						

4. 实施

续表 3.2

工作过程	4. 实施	步骤二： 绘制电动葫芦的电气原理图。
	5. 检查	每组推荐 1 名代表，对完成项目计划进行说明和展示，填写活动评价表。 活动评价表可以参考下面的样表，由教师课前制作完成。
	6. 评估	根据自己在任务中的表现，完成自评表，之后由教师对你的工作进行评价，完成教师评价表。

活动评价表（位于"5. 检查"单元格内）：

项目	自我评价	小组互评				教师评价
		一组	二组	……	n 组	

三、任务评价

任务完成后，填写如表 3.3 所示的任务评价表。

表 3.3　任务评价表

班级			姓名		日期		配分	得分
教师评价	劳保用品		严格按学校制度、实训规范进入实训室				3	
	平时表现		1. 出勤情况。				2	
			2. 遵守实训纪律情况。				2	
			3. 技能操作练习情况。				2	
			4. 实训任务完成情况。				2	
			5. 良好的劳动习惯，实习岗位卫生情况。				2	
	综合专业技能水平	基本知识	1. 低压电器符号。				3	
			2. 电气原理图的绘制要求。				5	
		操作技能	1. 能根据控制方式绘制电气原理图。				10	
			2. 图形符号符合标准。				10	
			3. 原理图符合控制要求。				10	
	态度		1. 教师的互动，团队合作。				5	
			2. 组员的交流、合作。				5	
			3. 实践动手操作的兴趣、态度、主动积极性。				5	
	资源		节约实习消耗用品、合理使用材料。				3	
	安全文明生产		1. 遵守实习场所纪律，听从教师指挥。 2. 掌握安全操作规程和消防、灭火的安全知识。 3. 严格遵守安全操作规程、实训中心的各项规章制度和实习纪律。 4. 按国家有关法规，发生重大事故者，取消实习资格，并且实习成绩为零分。				10	
自评	综合评价		1. 组织纪律性，遵守实习场所纪律及有关规定。 2. 良好的劳动习惯，实习岗位整洁。 3. 实习中个人的发展和进步情况。 4. 专业基础知识与专业操作技能的掌握情况。				8	
小组评	综合评价		1. 组织纪律性，遵守实习场所纪律及有关规定。 2. 良好的劳动习惯，实习岗位整洁。 3. 实习中个人的发展和进步情况。 4. 专业基础知识与专业操作技能的掌握情况。				8	
合　计							100	

任务四：绘制电气装配图

> 任务目标
>
>   根据原理图及电动葫芦电气柜尺寸绘制电气装配图纸。

一、任务准备

怎么样？原理图设计出来了吗？

早做好了，下一步是什么？来吧！

当然是绘制电气装配图，前面第2章学习的知识任务，里面的电路制作步骤都忘了吗？

　　我们接下来要绘制的是电气装配图，这个大家应该不陌生，在知识任务里已经给大家介绍了电气装配图的绘制方法及要求，我们在这里就需要将刚完成的电动葫芦控制电路的电气原理图绘制成电气装配图，以便我们进行装配。

电动葫芦的电气控制柜一般都是固定在电动葫芦机身的，它们是一体的，这也决定了电动葫芦的电气柜不会太大。我们做的电动葫芦的电气柜尺寸大概是＿＿＿＿＿＿＿＿＿＿＿＿＿＿＿＿＿＿＿＿＿＿＿

有了电气柜的尺寸，我们就可以在这个尺寸范围内设计元器件的布局了，下面就让我们一起来试试吧。

二、任务实施

请按如表 3.4 所示的任务书，实施本次任务。任务结束后，每个小组需要上交一份电气装配图纸。

表 3.4　电气装配图纸绘制任务书

专业	机电技术应用专业		班级		姓名	
组长			组员		日期	
工作项目	电动葫芦电气控制电路项目装配图纸绘制					
工作任务	1. 在教师的指导下，解读工作任务要求。 2. 根据实物器件的规格确定器件的布局。 3. 根据原理图按照电气安装工艺完成走线设计。 4. 能采用多种形式进行成果展示，并说出自己产品的优缺点，小组间相互评分。 5. 工作过程中自觉遵守作业规范，自觉清理场地、归置物品。					
能力要求	知识要求	电气装配图绘制。				
	技能要求	绘制电气装配图。				
工作重点	1. 器件布局； 2. 走线设计。					
工作难点	走线设计					
工具准备	纸、笔、电脑					
耗材清单						
素质要求	1. 团队协作、合理分工； 2. 规范行为、安全操作。					

续表 3.4

工作过程	1. 咨讯	电动葫芦的电气柜尺寸？
	2. 决策	（1）器件如何布局？
		（2）如何设计走线？
	3. 计划	根据信息收集、任务分析，熟悉工作任务内容，在教师的引导下进行工作任务安排。制定实施计划进度表如下（下表仅为计划制定的参考，具体的计划可以由学生自由发挥完成）：
	4. 实施	步骤一： 根据电气柜尺寸合理布局元器件。

序号	开始时间	结束时间	完成内容	工作要求	负责人	备注
1						
2						
3						

续表 3.4

工作过程	4. 实施	步骤二： 根据电气工艺合理设计走线。 步骤三： 绘制装配图。
	5. 检查	每组推荐 1 名代表，对完成项目计划进行说明和展示，填写活动评价表。 活动评价表可以参考下面的样表，由教师课前制作完成。
	6. 评估	根据自己在任务中的表现，完成自评表，之后由教师对你的工作进行评价，完成教师评价表。

活动评价表：

项目	自我评价	小组互评				教师评价
		一组	二组	……	n 组	

三、任务评价

任务完成后，填写如表 3.5 所示的任务评价表。

表 3.5 任务评价表

班级			姓名	日期		配分	得分
教师评价	劳保用品		严格按学校制度、实训规范进入实训室			3	
	平时表现		1. 出勤情况。			2	
			2. 遵守实训纪律情况。			2	
			3. 技能操作练习情况。			2	
			4. 实训任务完成情况。			2	
			5. 良好的劳动习惯，实习岗位卫生情况。			2	
	综合专业技能水平	基本知识	1. 低压电器符号。			3	
			2. 电气原理图的绘制要求。			5	
		操作技能	1. 能根据控制方式绘制电气原理图。			10	
			2. 图形符号符合标准。			10	
			3. 原理图符合控制要求。			10	
	态度		1. 教师的互动，团队合作。			5	
			2. 组员的交流、合作。			5	
			3. 实践动手操作的兴趣、态度、主动积极性。			5	
	资源		节约实习消耗用品、合理使用材料。			3	
	安全文明生产		1. 遵守实习场所纪律，听从教师指挥。 2. 掌握安全操作规程和消防、灭火的安全知识。 3. 严格遵守安全操作规程、实训中心的各项规章制度和实习纪律。 4. 按国家有关法规，发生重大事故者，取消实习资格，并且实习成绩为零分。			10	
自评	综合评价		1. 组织纪律性，遵守实习场所纪律及有关规定。 2. 良好的劳动习惯，实习岗位整洁。 3. 实习中个人的发展和进步情况。 4. 专业基础知识与专业操作技能的掌握情况。			8	
小组评	综合评价		1. 组织纪律性，遵守实习场所纪律及有关规定。 2. 良好的劳动习惯，实习岗位整洁。 3. 实习中个人的发展和进步情况。 4. 专业基础知识与专业操作技能的掌握情况。			8	
合 计						100	

任务五：器件选型及经费预算

> **任务目标**
>
> 根据电气原理图及装配图选择合适的元器件并预算经费。

一、任务准备

电气装配图我也画好了，工艺文件也做好了，现在可以开始装配了吧？

你不觉得还差什么吗？

什么？哦！还没器件啊！

所以，我们接下来要做的内容就是去采购这些器件，不过在这之前还需要做一个调研，之前我们已经做过一次调研了，应该是有经验的。

　　我们下面要做的是选择器件型号及规格，选择的依据当然是我们的装配尺寸、功能以及价格，装配尺寸我们已经在装配图中确定，功能在原理图中确定，那么价格呢？这就需要我们去市场询价了，在市场中我们将会见到多种型号规格的同类器件，这就需要我们去选择，这也是我们接下来要做的任务。

　　本次任务中的一些信息，需要大家通过市场调研的方式去完成，所以本次任务尽量安排在课后。

　　首先让我们根据原理图和装配图列出我们本次项目所需要用到的低压电器及辅助器件，然后深入市场去了解这些器件在市场中的价格以及它们的规格型号，最后选出最适合本次项目的器件。

二、任务实施

　　请按如表 3.6 所示的任务书，实施本次任务。任务结束后，每个小组需上交一份元器件清单及经费预算表。

表 3.6　器件选型及经费预算任务书

专业	机电技术应用专业		班级		姓名	
组长			组员		日期	
工作项目	电动葫芦电气控制电路项目器件选型及经费预算					
工作任务	1. 在教师的指导下，解读工作任务要求。 2. 根据原理图确定所需要的元器件。 3. 市场调研，了解这些元器件在市面上都有哪些型号及价格。 4. 根据电动葫芦的工作特点及市场价格确定将要使用的元器件型号规格。 5. 列出器件清单及经费预算表。 6. 能采用多种形式进行成果展示，并说出自己产品的优缺点，小组间相互评分。 7. 工作过程中自觉遵守作业规范，自觉清理场地、归置物品。					
能力要求	知识要求	低压电器的应用				
	技能要求	市场调研及分析能力				
工作重点	1. 市场调研； 2. 器件选择。					
工作难点	市场调研					
工具准备	纸、笔、电脑					
耗材清单						
素质要求	1. 团队协作、合理分工； 2. 规范行为、安全操作。					

续表 3.6

工作过程	1. 咨讯	（1）电动葫芦原理图上涉及哪些低压电器及辅助器件？
		（2）市场调研主要需要收集什么信息？
	2. 决策	（1）在什么地方开展市场调研比较合适？
		（2）如何实施市场调研，小组内如何分工？
	3. 计划	根据信息收集、任务分析，熟悉工作任务内容，在教师的引导下进行工作任务安排。制定实施计划进度表如下（下表仅为计划制定的参考，具体的计划可以由学生自由发挥完成）：

序号	开始时间	结束时间	完成内容	工作要求	负责人	备注
1						
2						
3						

	4. 实施	步骤一： 确定需要的器件。
		步骤二： 市场调研了解价格。
		步骤三： 确定器件型号规格及价格，制作一份材料清单及经费预算表，可采用下表的格式，也可以自由发挥。

续表 3.6

工作过程	4. 实施	器件名称	规格型号	数量	单价	金额	

| 工作过程 | 5. 检查 | 每组推荐 1 名代表，对完成项目计划进行说明和展示，填写活动评价表。 活动评价表可以参考下面的样表，由教师课前制作完成。 | | | | | |

项目	自我评价	小组互评				教师评价
		一组	二组	……	n 组	

工作过程	6. 评估	根据自己在任务中的表现，完成自评表，之后由教师对你的工作进行评价，完成教师评价表。

三、任务评价

任务完成后，填写如表 3.7 所示的任务评价表。

表 3.7　任务评价表

班级			姓名		日期		配分	得分
教师评价	劳保用品	严格按学校制度、实训规范进入实训室					3	
	平时表现	1. 出勤情况。					2	
		2. 遵守实训纪律情况。					2	
		3. 技能操作练习情况。					2	
		4. 实训任务完成情况。					2	
		5. 良好的劳动习惯，实习岗位卫生情况。					2	
	综合专业技能水平	基本知识	根据原理图确定元器件。				8	
		操作技能	1. 能通过市场调研获得有用信息。				15	
			2. 能整理信息，根据要求确定器件。				15	

续表 3.7

教师评价	态度	1. 教师的互动，团队合作。	5	
		2. 组员的交流、合作。	5	
		3. 实践动手操作的兴趣、态度、主动积极性。	5	
	资源	节约实习消耗用品、合理使用材料。	3	
	安全文明生产	1. 遵守实习场所纪律，听从教师指挥。 2. 掌握安全操作规程和消防、灭火的安全知识。 3. 严格遵守安全操作规程、实训中心的各项规章制度和实习纪律。 4. 按国家有关法规，发生重大事故者，取消实习资格，并且实习成绩为零分。	10	
自评	综合评价	1. 组织纪律性，遵守实习场所纪律及有关规定。 2. 良好的劳动习惯，实习岗位整洁。 3. 实习中个人的发展和进步情况。 4. 专业基础知识与专业操作技能的掌握情况。	8	
小组评	综合评价	1. 组织纪律性，遵守实习场所纪律及有关规定。 2. 良好的劳动习惯，实习岗位整洁。 3. 实习中个人的发展和进步情况。 4. 专业基础知识与专业操作技能的掌握情况。	8	
合　　计			100	

任务六：电路的装配与调试

任务目标

　　完成电动葫芦控制电路的装配；

　　通电调试成功。

一、任务准备

> 恭喜你，到这里，你应该已经做好迎接这最关键一步的准备。这一步将是验证你前面的想法的一步，实现项目成果的一步。

> 太好了，我有点等不急了，现在可以装配了吧？

不错，接下来就是电路的装配与调试了。

这次的任务就是根据你自己设计的工艺文件，利用采购的器件完成电路的装配，通电试车成功并能够实现电动葫芦的工作要求。请把之前做的工艺文件、元器件准备好，任务马上开始。

二、任务实施

请按如表 3.8 所示的任务书，实施任务。任务完成后，每小组需要上交一份安装调试报告，要求附上自己小组做的电路的照片。

安装调试报告内容包括：原理图、装配图、工艺文件、材料清单、操作人员、故障记录以及故障解决说明。

表 3.8　电路的装配与调试任务书

专业	机电技术应用专业		班级		姓名	
组长			组员		日期	
工作项目	电动葫芦电气控制电路项目电路装配与调试					
工作任务	1. 在教师的指导下，解读工作任务要求。 2. 根据装配图严格按照电气工艺完成线路装配。 3. 利用万用表检查电路各功能是否实现。 4. 通电试车调试。 5. 能采用多种形式进行成果展示，并说出自己产品的优缺点，小组间相互评分。 6. 工作过程中自觉遵守作业规范，自觉清理场地、归置物品。					
能力要求	知识要求	1. 电气工艺的掌握； 2. 万用表的使用。				
	技能要求	1. 根据装配图装配电路； 2. 用万用表检查电路； 3. 通电调试电路。				
工作重点	1. 装配； 2. 调试。					
工作难点	装配					
工具准备						
耗材清单						
素质要求	1. 团队协作、合理分工； 2. 规范行为、安全操作。					
工作过程	1. 咨讯	（1）电气装配的一般工艺？				
		（2）万用表如何确保电路可以安全通电？				

续表 3.8

工作过程	2. 决策	组员如何分工?
	3. 计划	根据信息收集、任务分析,熟悉工作任务内容,在教师的引导下进行工作任务安排。制定实施计划进度表如下(下表仅为计划制定的参考,具体的计划可以由学生自由发挥完成):
	4. 实施	步骤一: 根据装配图完成电路装配。 步骤二: 用万用表检查电路功能,电路是否存在问题,有什么问题,如何解决这些问题? 步骤三: 通电试车调试,请记录试车是否成功,如果不成功,请记录故障情况以及解决故障的办法。

计划进度表:

序号	开始时间	结束时间	完成内容	工作要求	负责人	备注
1						
2						
3						

续表 3.8

工作过程	5. 检查	每组推荐 1 名代表，对完成项目计划进行说明和展示，填写活动评价表。 活动评价表可以参考下面的样表，由教师课前制作完成。						
		项目	自我评价	小组互评				教师评价
				一组	二组	……	n 组	
	6. 评估	根据自己在任务中的表现，完成自评表，之后由教师对你的工作进行评价，完成教师评价表。						

三、任务评价

任务完成后，填写如表 3.9 所示的任务评价表。

表 3.9　任务评价表

班级		姓名		日期		配分	得分
教师评价	劳保用品	严格按学校制度、实训规范进入实训室				3	
	平时表现	1. 出勤情况。				2	
		2. 遵守实训纪律情况。				2	
		3. 技能操作练习情况。				2	
		4. 实训任务完成情况。				2	
		5. 良好的劳动习惯，实习岗位卫生情况。				2	
	综合专业技能水平	基本知识	1. 掌握万用表的使用方法。			3	
			2. 元器件的识别与检测方法。			3	
			3. 电路测量方法。			2	
		操作技能	1. 万用表的使用。			5	
			2. 识读电气原理图及装配图。			10	
			3. 元器件的识别与检测。			5	
			4. 安装、调试电路。			10	

续表 3.9

教师评价	综合专业技能水平	工具使用	1. 实验台、剥线钳等工具使用正确及懂得维护保养。	5	
			2. 熟练操作实习设备。		
		态度	1. 教师的互动，团队合作。	5	
			2. 组员的交流、合作。	5	
			3. 实践动手操作的兴趣、态度、主动积极性。	5	
		资源	节约实习消耗用品、合理使用材料。	3	
		安全文明生产	1. 遵守实习场所纪律，听从教师指挥。	10	
			2. 掌握安全操作规程和消防、灭火的安全知识。		
			3. 严格遵守安全操作规程、实训中心的各项规章制度和实习纪律。		
			4. 按国家有关法规，发生重大事故者，取消实习资格，并且实习成绩为零分。		
自评	综合评价		1. 组织纪律性，遵守实习场所纪律及有关规定。	8	
			2. 良好的劳动习惯，实习岗位整洁。		
			3. 实习中个人的发展和进步情况。		
			4. 专业基础知识与专业操作技能的掌握情况。		
小组评	综合评价		1. 组织纪律性，遵守实习场所纪律及有关规定。	8	
			2. 良好的劳动习惯，实习岗位整洁。		
			3. 实习中个人的发展和进步情况。		
			4. 专业基础知识与专业操作技能的掌握情况。		
合　计				100	

拓展训练

通过前面的学习，我们制作了电动葫芦的控制电路，对三相异步电动机的控制电路已经有所了解。然而在现代工业中的控制已经不是只局限在低压电器控制了，随着工业的发展，计算机技术在工业上得到了广泛的应用，可编程控制器就是其中一个典型代表，在我们后续的课程中会学习到可编程控制器的内容。

在工业现场除了电动葫芦以外，也还有很多设备是用低压电器控制来实现，在前面学习的基础上我们现在也是可以完成一些设备控制电路制作的。比如说普通车床，下面介绍比较常见的 CA6140 车床的电路工作原理：

一、主电路

CA6140 普通车床主电路有三台电动机，均为正转控制。主轴电动机 M_1 由交流接触器 KM 控制，带动主轴旋转和工件作进给运动；冷却泵电动机 M_2 由中间继电器 KA_1 控制，输送切削冷却液；溜板快速移动电动机 M_3 由 KA_2 控制，在机械手柄的控制下带动刀架快速作横向或纵向进给运动。主轴的旋转方向、主轴的变速和刀架的移动方向均由机械控制实现。

主轴电动机 M_1 和冷却泵电动机 M_2 设有过载保护，FU_1 作为冷却泵电动机 M_2、溜板快速移动电动机 M_3、CA6140 普通车床控制变压器 TC 一次绕组的短路保护。

二、控制电路

1. 机床电源

插入开关钥匙，旋至接通位置，SB 断开；合上 QF 引入三相电源。正常工作状态下 SB 和 SQ_2 处于断开状态，QF 线圈不通电。

SQ_2 装于电气柜门后，打开电柜门时，SQ_2 恢复闭合，QF 线圈得电，断路器 QF 自动断开，切断电源进行安全保护。控制回路的电源由控制变压器 TC 二次侧输出 110 V 电压提供，FU_2 为控制回路提供短路保护。

2. 主轴电动机 M₁ 的控制

为保护人身安全，车床正常运动时必须将皮带罩合上，位置开关 SQ₁ 装于主轴皮带罩后，起断电保护作用。

3. 溜板快速移动电动机 M₃ 的控制

溜板快速移动电动机 M₃ 的启动，由安装在刀架上的快速进给操作手柄顶端按钮 SB₃ 点动控制。

4. 冷却泵电动机 M₂ 的控制

冷却泵电动机 M₂ 与主轴电动机 M₁ 采用顺序控制，只有当接触器 KM 得电，主轴电动机 M₁ 启动后，转动旋钮开关 SB₄，中间继电器 KA₁ 线圈得电，冷却泵电动机 M₂ 才能启动。KM 失电，主轴电动机停转，M₂ 自动停止运行。FR₂ 为冷却泵电动机提供过载保护。

5. 照明、信号回路

控制变压器 TC 的二次侧输出的 24 V、6 V 电压分别作为车床照明、信号回路电源，FU₄、FU₃ 分别为其各自的回路提供短路保护。

 想一想 练一练

请根据上面对 CA6140 车床电路工作原理的分析以及本书所学安装电动葫芦电气控制电路制作的过程，设计 CA6140 车床的电气原理图并在实训室完成电路的装配与试车。

参考文献

[1] 劳动和社会保障部教材办会室. 维修电工（初级）[M]. 北京：中国劳动社会保障出版社，2007.

[2] 叶云汉. 维修电工[M]. 北京：科学出版社，2010.